MIT TEMPO 300

Auf der Neubaustrecke Erfurt – Ebensfeld wurde Ende 2017 der fahrplanmäßige Betrieb aufgenommen. Die schnellsten ICE-Züge benötigen für die Fahrt Berlin – München nur noch vier Stunden.

Seite 82

Titelfoto:
K. Koschinski (Ludwigsstadt, Oktober 2017)
Fotos dieser Doppelseite:
M. Hahmann, E. Köditz, P. Schiffer/Bildarchiv der Eisenbahnstiftung, K.-F. Seitz, B. Schmitt

AUFSTIEG UND FALL

Als Teil der Magistrale München – Berlin entwickelte sich die Frankenwaldbahn zu einer der wichtigsten Strecken in Deutschland. Doch ihr ältester Abschnitt war ursprünglich wie eine Nebenbahn trassiert. Aufgrund massiven Drängens der Stadt Kronach und der Grubenbesitzer im Stockheimer Steinkohlenrevier kam es zum privat finanzierten Bau der 1863 vollendeten, in Hochstadt(-Marktzeuln) von der Hauptbahn Nürnberg – Bamberg – Hof abzweigenden Stichstrecke nach Stockheim. Für die von verschiedenen Initiativen im Frankenwald sogleich angestrebte Verlängerung über das Gebirge hinweg nach Thüringen sah die bayerische Staatsregierung keinen Bedarf. Von Bayern nach Preußen fuhr man damals über Hof und durch Sachsen.

Die Thüringische Eisenbahn nahm 1871 die Linie von Gera über Saalfeld nach Eichicht (heute Kaulsdorf) in Betrieb. Die Saal-Eisenbahn eröffnete 1874 ihre Strecke Großheringen – Jena – Saalfeld. Endlich vereinbarten 1882 Bayern, das Herzogtum Sachsen-Meiningen, das Fürstentum Schwarzburg-Rudolstadt und Preußen den Bau der Verbindung Stockheim – Probstzella – Eichicht.

Im Oktober 1885 wurde auf der Frankenwaldbahn durchgehend bis Probstzella sowie auf der anschließenden Strecke bis Saalfeld der Betrieb aufgenommen. Bald setzte ein rasanter Verkehrsaufschwung ein, der in den 1910er und nochmals in den 1930er Jahren einen Höhepunkt erreichte. Nach 1945 dämmerte die Frankenwaldbahn dahin, im wieder vereinten Deutschland stieg sie erneut zur Magistrale auf. Doch das Ende der Blütezeit war quasi programmiert, denn das „Verkehrsprojekt Deutsche Einheit Nummer 8“ sah schon 1991 den Neubau einer ICE-Rennpiste durch den Thüringer Wald vor. Mit deren Inbetriebnahme im Dezember 2017 fiel die Frankenwaldbahn als Route für den Fernreiseverkehr in die Bedeutungslosigkeit.

Freilich nehmen weiterhin zahlreiche überregionale Güterzüge den Weg über die bis zu 27 Promille steilen Rampen beidseits von Steinbach am Wald. „Nur“ 27 Promille? – nicht 29? Letzterer Wert ist ohne Quellenangabe in vielen Publikationen genannt, aber laut detaillierter Streckengrafik der DB Netz AG beträgt die Maximalsteigung jeweils kurz vor dem Scheitelpunkt 27 Promille. Ein Höhenprofil aus den 1940er Jahren beziffert sie mit 1 : 39, entsprechend knapp 26 Promille.

Die Neubaustrecke Ebensfeld – Erfurt weist übrigens, anders als geplant, mehrere 20 Promille steile Abschnitte auf, die immerhin bis zu 1000 Metern lang sind. Das schränkt ihre Durchlassfähigkeit für den Güterverkehr ein. Generell problematisch ist ein Mischbetrieb von bis zu 300 km/h schnellen ICE und maximal 100 km/h schnellen Güterzügen, zumal sie sich in den einröhrigen Tunnels nicht begegnen dürfen. Realisierbar ist intensiver Güterverkehr auf der Neubaustrecke deshalb wohl nur nachts.

Auf der Frankenwaldbahn sind nach dem fast völligen Wegfall des Fernverkehrs mehr Kapazitäten für Güterzüge frei. Eine betriebliche Hürde stellt natürlich der Schiebedienst auf den Rampen dar, doch können nun auch Lz-Fahrten talwärts rollender Schiebeloks flexibler ins Fahrplangefüge eingepasst werden. Eisenbahnfotografen erfreuen sich ja am Schiebebetrieb. Auch wegen der im Güterverkehr herrschenden Farben- und Typenvielfalt, geboten in abwechslungsreicher Mittelgebirgslandschaft, ist eine Reise zur Frankenwaldbahn noch immer lohnenswert. Lassen Sie sich von diesem EJ-Special inspirieren.

Konrad Koschinski

DB
120 106-0

Die 58 2008, eine preuß. G 12, erklimmt im Sommer 1932 mit einem Güterzug nach Nürnberg bei Lauenstein die Nordrampe der Frankenwaldbahn. Oberhalb der Ortschaft thront die Mantelburg; die ältesten Bausubstanzen stammen aus dem 12. Jahrhundert. *Foto: C. Bellingrodt/Slg. EJ*

Die Neubaustrecke Ebensfeld – Erfurt ist im Dezember 2017 in Betrieb genommen worden. ICE-Züge benötigen für die Fahrt von Berlin nach München bei vier Zwischenhalten jetzt nur noch vier Stunden. Am 20. Januar 2018 überquert ein aus Berlin kommender ICE 3 die 370 m lange und 71 m hohe Oelzetalbrücke westlich von Katzhütte. *Foto: B. Schmitt*

Mit einem schweren Güterzug nach Nürnberg rollen die 151 031 und 151 032 am 19. Oktober 2017 bei der Bastelsmühle zwischen Steinbach a. Wald und Förtschendorf die Südrampe der Frankenwaldbahn hinab. Das Gefälle beträgt in diesem Abschnitt 27 Promille. *Foto: K. Koschinski*

In Ludwigsstadt überquert die Nordrampe der Frankenwaldbahn mittels eines Viadukts das Trogenbachtal. Während der deutschen Teilung hatte der Bahnhof in Ludwigsstadt eine wichtige Funktion; er war der Grenzbahnhof auf bayerischer Seite. Schon lange halten hier nur noch Regionalzüge, seit 2012 gefahren mit der Baureihe 442. *Foto: W. Matussek*

HEISSER TEE
UND STRENGE „ORGANE"

„Herzlich willkommen in der Deutschen Demokratischen Republik" schallte es einst nach der Ankunft der Schnellzüge aus Nürnberg aus den Lautsprechern in Probstzella. Auf bayerischer Seite hingegen wurden die Reisenden von den Schwestern der Bahnhofsmission in Ludwigsstadt mit Heißgetränken empfangen

Meine Erinnerungen an Fahrten auf der Frankenwaldbahn reichen bis ins Jahr 1968 zurück, als ich zum ersten Mal seit frühester Kindheit wieder im nächtlichen „Interzonenzug" München–Berlin unterwegs war, nun allein reisend und hellwach. Auch später, zu Zeiten des nicht mehr gar so aufregenden Berlin-Transits, reiste ich gern nachts. Dabei hatte der Blick aus dem Fenster des nur schummrig beleuchteten Abteils gegenüber dem Schlafbedürfnis meistens Vorrang.

Wenn doch mal eingenickt, dann weckte mich auf der Fahrt nach Berlin bald hinter Lichtenfels die Passkontrolle der bayerischen Grenzpolizei. Das kam mir als „Weckruf" durchaus gelegen, denn den Halt in Pressig-Rothenkirchen wollte ich ja nicht verschlafen. Dort erhielten die von E 18 oder E 19 beförderten Schnellzüge Schubhilfe. Achtungspfiff der Zuglokomotive, quittierender Pfiff der Schiebelok – und weiter ging's mit vereinter Kraft die Steilrampe rauf nach Steinbach am Wald. Leider entfiel dieses Spektakel ab Sommer 1977, die 151 brauchte keinen Schub.

In schon stark gebremster Talfahrt rollte der Zug auf dem Trogenbachviadukt, hoch über den Dächern und spärlichen Lichtern von Ludwigsstadt, zum letzten Bahnhof vor der „Zonengrenze". Ob dort während des viertelstündigen Aufenthaltes auch an den Zügen nach Berlin immer Tee gereicht wurde, weiß ich nicht mehr sicher. Jedenfalls versorgten die Schwestern der Bahnhofsmission die Reisenden in aus Berlin-West und der DDR eingetroffenen Zügen mit durchs Abteilfenster verabreichten Heißgetränken – selbst noch in den 1980er Jahren, als die einst Sowjetzonenflüchtlinge betreuende Bahnhofsmission schon der Geheimtipp für preiswerte Übernachtungen war.

Einerseits ein mulmiges Gefühl, andererseits – ich gestehe es – kribbelige Vorfreude beschlich mich, wenn der Zug fünf Kilometer hinter Ludwigsstadt die hell erleuchteten Grenzsperranlagen passierte. Wer das verschlief, den weckten spätestens die plärrenden Lautsprecher im DDR-Grenzbahn-

Am Bahnhof in Ludwigsstadt gab es sogar eine Wechselstube. ***Foto: Slg. Scheidig***

Probstzella: Eingang in das Kontrollgebäude (1990). ***Foto: D. Kempf***

hof: „Probstzella, hier Probstzella! Herzlich willkommen in der Deutschen Demokratischen Republik! Der eingefahrene D 300 fährt ohne Verkehrshalt in der Deutschen Demokratischen Republik durch das Gebiet der Deutschen Demokratischen Republik nach Berlin-West. Reisende mit Reisezielen in der Deutschen Demokratischen Republik steigen bitte hier aus und melden sich zur Grenzkontrolle."

Marschmusik oder die DDR-Hymne ertönte, als der Berliner Nachtschnellzug die Nummer D 300 hatte (das war ab 1973), meiner Erinnerung nach nicht mehr, wohl aber noch Ende der 1960er Jahre. Die Kontrolle im Berlin-Transit erfolgte schon vor Inkrafttreten des Transitabkommens im Juni 1972 im Zug, auch sie konnte bis dahin aber schikanös sein. Dabei filzten die „DDR-Organe" nämlich auch das Gepäck, was mich bei meiner Reise anno 1968 gehörig ins Schwitzen brachte. Damals fuhr ich im D 129 über Berlin Zoologischer Garten hinaus bis Berlin Friedrichstraße, um dort zum Besuch meiner Oma in die DDR einzureisen. In von meinem Vater kunstvoll präparierten Apfelsinen führte ich zum Schwarzmarktkurs eingetauschtes Ost-Geld mit. Gott sei Dank entdeckte das „Zollorgan" bei der Kontrolle zwischen Probstzella und Saalfeld nicht, dass sich unter der mit einer Rasierklinge aufgeschnittenen Orangenschale DDR-Mark verbargen, deren Einfuhr strikt verboten war. Übrigens schmuggelte ich die Geldscheine dann unentdeckt auch durch die Schleusen des Grenzbahnhofs Berlin Friedrichstraße. Nach Inkrafttreten des Transitabkommens beschränkten sich die „Organe" in Zügen des Berlin-Verkehrs auf die Identitätskontrolle.

Für meine kribbelige Vorfreude beim Passieren der DDR-Grenze habe ich eine plausible Entschuldigung: In Probstzella übernahm bis 1971 eine „Reko-P 10", also eine Lok der Baureihe 22 die Schnellzüge zur Weiterbeförderung bis Camburg (Saale), und das wollte ich genießen. Danach kamen im Abschnitt Probstzella – Camburg Diesel-loks der Baureihe 118, später im Durchlauf bis Berlin 132er zum Einsatz. Aber noch bis 1981 wurde der im Festtagsverkehr (z.B. zu Weihnachten/Neujahr und Ostern) eingelegte nächtliche Entlastungszug D 10300 von Probstzella bis Berlin fallweise mit 01^5 befördert. Wenn es meine Terminlage zuließ, fuhr ich mit.

Eher zufällig habe ich beim Googeln zum Thema Interzonenverkehr einen SPIEGEL-Artikel vom November 1964 gefunden. Nach „Jahren der Quarantäne" – so Peter Brügge im Heft Nr. 46 – gestattete es „der Arbeiter- und-Bauern-Staat ... tausendmal tausend Entbehrlichen im Rentenalter", ihre nächsten Verwandten im Westen zu besuchen. Seine Reportage von der Ankunft des neuen „Rentnerzuges" D 2052 Weimar – Nürnberg in Ludwigsstadt beginnt Brügge mit: „Es gibt keine Suppe am Kontrollpunkt." Weiter heißt es süffisant: „Die Schwestern der Bahnhofsmission, nicht gewöhnt, politische Empfehlungen zu ihrem vorzüglichen Bouillon-Extrakt geliefert zu bekommen, beschränken sich darauf, vorsorglich wenigstens Wasser am Kochherd zu halten, in der Hoffnung die von Probstzella nahenden anderen Deutschen möchten vielleicht selbst nach einer aufgebrühten Stärkung verlangen, die offen anzutragen der von Bonn gebotene Takt nicht gestattet."

Solches liest man mit Staunen. Dass die DDR-Bürger auf dringendes Anraten ihrer Regierung Stolz zeigen sollten, wundert ja nicht. Aber dass die Bundesregierung davon abriet, ihnen Suppe anzubieten – das überrascht schon. Doch lag dem Artikel zufolge „eine politisch bedingte Zurückhaltung in jenem höheren Interesse, das nach Angabe der Bahnhofsmission sogar zur Streichung des beantragten Bonner Zuschusses für Schokolade und Apfelsinen führe". Das greift die SPIEGEL-Redaktion wohl genüsslich auf und betitelt das Bild von der Ankunft des D 2052 in Ludwigsstadt mit „Zuschuss für Schokolade gestrichen".

In den Räumen der 1995 geschlossenen Bahnhofsmission Ludwigsstadt war noch bis zum Jahr 2015 eine Diakoniestation untergebracht. Das Kontrollgebäude in Probstzella, ein furchtbar hässlicher Klotz, wurde 2008/09 abgerissen. Das historische Empfangsgebäude in Probstzella beherbergt seit Herbst 2010 ein Grenzbahnhof-Museum. ❑

Ludwigsstadt: Gruppenbild aus der Zeit um 1950. ***Foto: Stadtarchiv Ludwigsstadt***
LINKS: Zuglaufschild D 1403 mit Probstzella und Ludwigsstadt (1988). ***Foto: M. Knappe***

ÜBER DEN RENNSTEIG

VOM MAIN ZUR SAALE

Die Kohlevorkommen nördlich von Kronach waren ein starkes Argument für eine Stichstrecke von Hochstadt am Main nach Stockheim, die 1863 in Betrieb ging. 1879 beschloss die bayerische Regierung die Verlängerung über den Frankenwald bis zur Staatsgrenze südlich von Probstzella. Die bis 27 Promille steile Strecke wurde 1885 eröffnet

Bayerns erste vom Staat finanzierte Eisenbahnstrecke war die von Lindau über Augsburg, Nürnberg und Bamberg bis Hof reichende Ludwig-Süd-Nord-Bahn. Der Nordabschnitt Nürnberg – Hof wurde von 1844 bis 1848 etappenweise eröffnet. Entsprechend einem im August 1841 an die bayerische Staatsregierung gerichteten Gesuch des Grubenbesitzers Freiherr von Swaine sollte die Linienführung von Bamberg gen Norden das Stockheimer Steinkohlenrevier einbeziehen. Doch die Entscheidung fiel zugunsten der Trasse via Kulmbach, Neuenmarkt und Münchberg. Dabei konnte man über Lichtenfels hinaus bis kurz vor Kulmbach dem Maintal, dann bis hinter Kulmbach dem Tal des Weißen Mains folgen und anschließend bis Neuenmarkt in der weiten Talebene des Weißen Mains bleiben. Um ab Neuenmarkt auf die Hochebene zwischen Fichtelgebirge und Frankenwald zu gelangen, wagten die Ingenieure den Bau einer gut sieben Kilometer langen und fast durchgehend 25 Promille steilen Rampenstrecke hinauf nach Marktschorgast. Die „Schiefe Ebene" gilt als weltweit erste derart steile Adhäsionsbahn für den Personen- und Güterverkehr.

Am 15. Oktober 1846 ging der Abschnitt Lichtenfels – Neuenmarkt in Betrieb, am 1. November 1848 der Abschnitt Neuenmarkt – Hof und am 20. November 1848 auch die sächsische Anschlussstrecke bis Plauen. Am 1. Oktober 1849 wurde die das Mittelstück der Ludwig-Süd-Nord-Bahn bildende Strecke Augsburg – Donauwörth – Nördlingen – Nürnberg eröffnet, die an die schon neun Jahre zuvor fertiggestellte München-Augsburger Eisenbahn anknüpfte. Nach dem Lückenschluss zwischen Plauen und Reichenbach konnte man ab 15. Juli 1851 von der bayerischen Landeshauptstadt bis Zwickau und Leipzig mit dem Zug reisen, auf den Umwegen über Halle – Magdeburg oder Riesa schon weiter bis Berlin.

An einem grenzüberschreitenden Schienenweg durch den westlichen Frankenwald

In Hochstadt-Marktzeuln zweigt die Frankenwaldbahn von der Ludwig-Süd-Nord-Bahn Lindau – Augsburg – Nürnberg – Hof ab.

Gundelsdorf war der vorläufige Endpunkt der Pachtbahn von Hochstadt am Main (eröffnet am 20. Februar 1861).

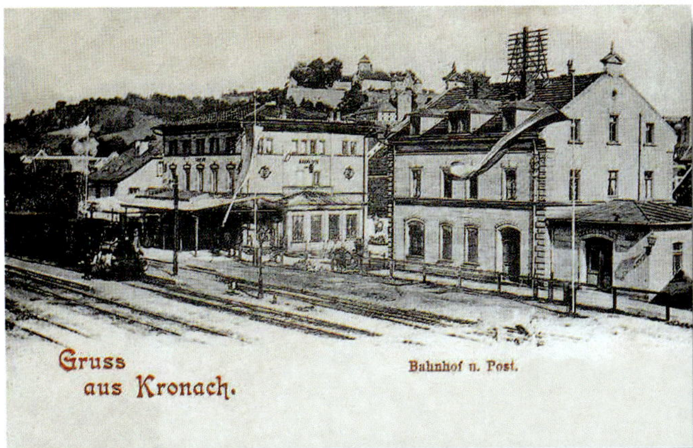

Bahnhof Kronach um 1900 mit Dampflokomotive, möglicherweise der bayerischen Gattung B VIII (geliefert 1872 in sechs Exemplaren).

Empfangsgebäude des Bahnhofs Rothenkirchen (rechts), der 1939 in Pressig-Rothenkirchen umbenannt wurde. Postkarte um 1935.

waren zunächst weder das Königreich Bayern noch die thüringischen Staaten interessiert. Als die Trassierung der Ludwig-Süd-Nord-Bahn via Kulmbach feststand, hatte die Stockheimer Bergwerksverwaltung erfolgreich den Bau eines Bahnhofs in Hochstadt am Main gefordert. Dort konnten die Kohlen in Züge umgeladen werden. Für den Transport aus dem Revier blieben die Flöße auf Haßlach und Rodach – eine wegen schwankender Wasserstände unzuverlässige und des Eises im Winter oft monatelang gar nicht mögliche Beförderungsart.

Pachtbahn Hochstadt – Stockheim

Chancenreich erschien den Stockheimer Grubenbesitzern das Streben nach einem Bahnanschluss aufgrund der „Königlichen Entschließung" vom Juli 1850, wonach der Staat von Privaten oder Kommunen finanzierte Strecken pachten und auf seine Kosten betreiben durfte. Gemäß der die Modalitäten präzisierenden Gesetze und Verordnungen zahlte der Fiskus an die Eigentümer der Bahn eine jährliche „Rente" zur Tilgung des Anlagekapitals nebst Zinsen. Nach Ablauf des Pachtvertrags sollte die Bahnlinie unentgeltlich auf den Staat übergehen. (Er konnte sie aber auch schon vorher erwerben.)

Kurz vor Eröffnung der ersten solcher „Pachtbahnen", der Zweigstrecke Neuenmarkt – Bayreuth, richtete im Oktober 1853 wiederum Freiherr von Swaine ein Gesuch an die „Generaldirektion der königlichen Verkehrsanstalten" mit der Bitte um die Konzession und Zinsgarantien für eine Bahn von Hochstadt am Main nach Stockheim. Obwohl mit einem Gutachten des Salineninspektors Joseph Knorr begründet, blieb auch dieses Gesuch erfolglos.

Die Stockheimer Kohlengruben förderten um diese Zeit aus drei Schächten jährlich rund 900 000 Zentner Steinkohle. Die Bergwerksverwaltung wies daraufhin, dass bei besserer Konkurrenzfähigkeit insbesondere gegenüber dem Zwickauer Revier etwa die doppelte Fördermenge zu erzielen sei. Trotz der schlechten Transportbedingungen begann man 1855 mit der Teufung eines weiteren Schachts, aus dem schätzungsweise mindestens eine Million Zentner (also 50 000 Tonnen) pro Jahr gefördert werden könnten. Besonders für die Eisenindustrie im oberfränkisch-thüringischen Raum, auch in den Gegenden um Hof, Bayreuth und Lichtenfels, sei die Stockheimer Steinkohle wichtig.

Im April 1854 beschloss der Magistrat der Stadt Cronach, selbst die Konzession zum Bau einer Bahnlinie Hochstadt – Cronach – Stockheim zu beantragen. Der Landrat und die oberfränkische Regierung in Bayreuth unterstützten das Projekt. Zudem bekundeten Vertreter der Regierung von Sachsen-Meiningen Interesse am Bau einer bei Gundelsdorf abzweigenden Strecke über Neuhaus bis Sonneberg. Den im Januar 1857 gestellten Antrag zur Konzessionserteilung für die Linie nach Stockheim beschied die Staatsregierung in München jedoch trotz vom Landgericht Cronach bestätigter Aussichten auf Rentabilität im Juni 1858 wieder abschlägig. Zum Erfolg führte erst die im Herbst 1859 gegebene Zusage des Nürnberger Fabrikanten Theodor von Cramer-Klett, für den Baukostenkredit der königlichen Bank in Nürnberg zu haften. Übrigens ging aus der Maschinenbauanstalt des Freiherrn von Cramer-Klett die spätere M.A.N. – Maschinenfabrik Augsburg-Nürnberg – hervor.

Am 1. Februar 1860 schlossen die Generaldirektion der königlichen Verkehrsanstalten, die Stadt Cronach und Theodor von Cramer-Klett den Bau- und Pachtvertrag; die Pachtzeit lief bis 1918. Der Vertrag sah zunächst nur den Bau der Strecke Hochstadt – Gundelsdorf vor, weil man die

Die bayerisch-thüringische Grenze verläuft mitten durch Falkenstein.
Fotos: Slg. Kobschätzky (5)

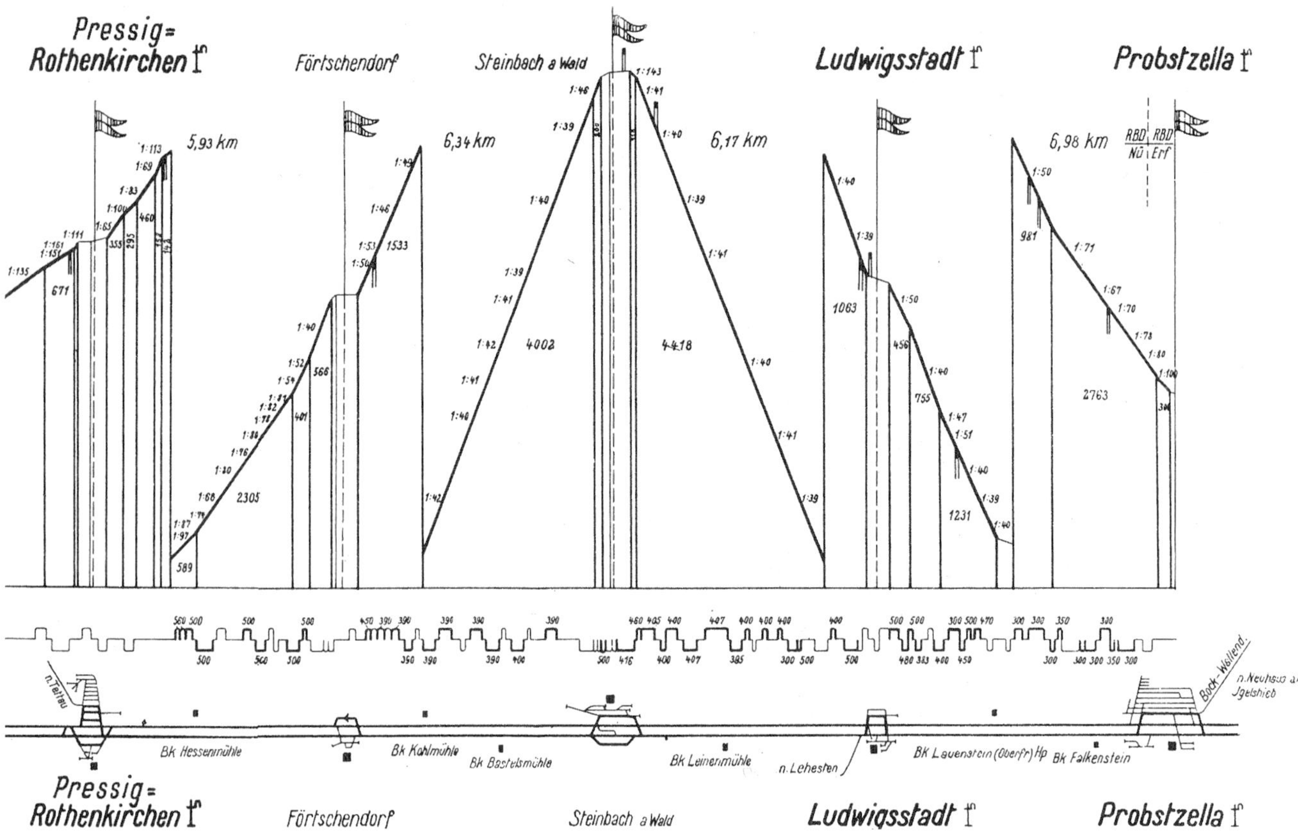

Neigungsverhältnisse zwischen Pressig-Rothenkirchen und Probstzella (Zeichnung aus der Zeit um 1940).

Höhenlage des Stockheimer Bahnhofs erst nach gesicherter Abteufung des neu in den Berg getriebenen Maxschachtes bestimmen konnte. Schon bevor am 27. März 1860 die Stadt Cronach endgültig die Baukonzession erhielt, begannen ab Hochstadt die Vermessungsarbeiten. Da die Trassierung ohne große Probleme mit Maximalsteigungen von 1 : 100 (10 Promille) und minimalen Bogenradien von 500 Metern den Tälern von Rodach und Haßlach folgen konnte, schritt der Bau der eingleisigen Strecke rasch voran. Freilich glich sie ursprünglich einer Lokalbahn, was dann 1903/04 aufwändige Umbauten erforderte. Bereits am 15. Dezember 1860 dampfte die erste Lokomotive bis Kronach (nun so geschrieben). Am 20. Februar 1861 fand die feierliche Eröffnung der Strecke Hochstadt am Main – Gundelsdorf mit den Zwischenstationen Redwitz, Oberlangenstadt, Küps und Kronach statt.

Im April 1862 wurde der Weiterbau bis ins gut 3 km entfernte Stockheim vereinbart, am 1. März 1863 rollte der Premierenzug zum nur als vorläufig angesehenen Endpunkt der von Hochstadt her ursprünglich 24,56 km langen Bahn. Nicht mit einer Station bedacht worden war der Ort Neuses, wo Holzhändler auch zahlreiche Flößer aus der Umgebung beschäftigten. Nach einer um 1890 beim Bayerischen Landtag eingereichten Petition, mit der „die gehorsamst unterzeichnete Gemeindeverwaltung" um „gnädigste" Errichtung einer Haltestelle bat, bekam Neuses endlich eine am 1. November 1896 eröffnete Personenhaltestelle mit massivem Empfangsgebäude. Im Jahr 1901 wurde die zwischen Küps und Kronach gelegene Station um Anlagen für den Güterverkehr erweitert.

Strittige Projekte

Schon seit 1862 hatten sich in Kronach, Ludwigsstadt und Nordhalben Eisenbahnkomitees gebildet, die eine Fortführung der Strecke nach Norden anstrebten, aber keine Einigkeit über den Linienverlauf erzielten. In Ludwigsstadt und zunächst auch in Kronach favorisierte man die Verbindung Stockheim – Pressig-Rothenkirchen – Ludwigsstadt – Probstzella – Saalfeld. Auf thüringischer Seite war bereits der Bau einer Bahnlinie von Gera über Saalfeld nach Eichicht (heute Kaulsdorf) beschlossen. Das Nordhalbener Komitee plädierte für eine Trasse von Kronach weiter aufwärts durch das Rodachtal, die nördlich von Nordhalben den Rennsteig queren und via Wurzbach durch das Sormitztal nach Eichicht führen sollte. Schließlich bevorzugte auch die Stadt Kronach die sogenannte Rodach-Sormitz-Linie, die jedoch als durchgehende Strecke nie zustande kam. Realisiert wurden im Jahr 1900 die Stichbahn Kronach – Nordhalben und im Zeitraum 1887 bis 1908 abschnittsweise die Verbindung von Hof über Naila, Blankenstein und Wurzbach nach Hockeroda, dort einmündend in die Strecke Probstzella – Saalfeld.

Das Fürstentum Reuß mit der Stadt Schleiz ließ mehrere Varianten einer Fortführung der Bahnlinie Gera – Triptis über Schleiz in den Frankenwald untersuchen, im Südabschnitt entweder via Teuschnitz nach Stockheim oder via Nordhalben nach Kronach. Der Magistrat von Ludwigsstadt gab Projektierungsarbeiten für mögliche Trassen zwischen Stockheim und Probstzella in Auftrag. So wurde auch eine Unterquerung des Rennsteigs mit einem 14 km langen Tunnel von Förtschendorf bis nördlich des Falkensteins geprüft. Damit wären aber Steinbach am Wald und Ludwigsstadt nicht erschlossen worden. Ganz abgesehen von den sehr hohen Kosten (geschätzt 40 Millionen Mark), verwarf man das Projekt auch, weil Probebohrungen ergeben hatten, dass das Gebirge aus Tonschiefer gar keine Tunnelanlage zuließ. Trotzdem sahen die Planungen für die ab 1882 gebaute Strecke zunächst wohl noch die Unterfahrung des Rennsteigs in einem 1000 Meter langen Tunnel sowie einen 130 Meter langen Durchstich des Falkensteins vor, was nach erneuten Gesteinsproben hinfällig wurde. Übrigens kam dann über hundert Jahre später abermals die Idee eines Scheiteltunnels bei Steinbach am Wald auf, nun zur Begradigung der Frankenwaldbahn als Alternative zur Hochgeschwindigkeitsstrecke durch den Thüringer Wald ...

In Ludwigsstadt rangiert 1928 eine bayer. GtL 4/4. *Foto: J. Escherich/Slg. Treuner*

Steilrampe über den Frankenwald

Vorerst nur zur Erschließung des Saalfelder Beckens wurde im Anschluss an die Bahn Weißenfels – Gera die 1871 eröffnete Strecke Gera – Saalfeld – Eichicht gebaut. Regionale Interessen führten zum Bau der 1874 in Betrieb genommenen privaten „Saalbahn“ Großheringen – Jena – Saalfeld, mit ihrem Abzweig in Großheringen primär für den Verkehr aus und in Richtung Erfurt konzipiert. Freilich erhielt das Projekt einer Thüringen mit Bayern verbindenden Route nun Auftrieb. Mit der wesentlich günstiger trassierten „Saalbahn“ bekam ja auch die bisher wirtschaftlich nicht befriedigende Stichstrecke Saalfeld – Eichicht einen verbesserten Anschluss von Norden, umso sinnvoller erschien ihre Fortführung nach Oberfranken.

Die bayerische Regierung entschloss sich 1879, den Bahnbau von Stockheim über Ludwigsstadt bis zur Landesgrenze bei Falkenstein auf Staatskosten ausführen zu lassen. Für den Bau und die Betriebsmittel waren 12,1 Millionen Mark vorgesehen. Nach Reduzierung um 600 000 Mark beim Bauvolumen stimmte der Bayerische Landtag dem Gesetzentwurf zu. Das „51. Gesetz, vom 1. Februar 1880, die Vervollständigung des Staatseisenbahnnetzes betreffend“ schrieb den Bahnbau fest. Die Verknüpfung mit der den Preußischen Staatseisenbahnen unterstellten Gera-Eichichter Bahn regelte der am 21. Januar 1882 zwischen Bayern, Preußen, dem Herzogtum Sachsen-Meiningen und dem Fürstentum Schwarzburg-Rudolstadt geschlossene Staatsvertrag.

Mitte Oktober 1882 begannen zwischen Steinbach und Ludwigsstadt die Bauarbeiten. Die Trassierung über das Mittelgebirge Frankenwald gemäß Vorschlag des Eisenbahn-Bauingenieurs Schrenk galt zwar als die einfachste der untersuchten Varianten, war und ist aber topografisch anspruchsvoll.

Eingeflochten sei eine knappe Streckenbeschreibung: Von Stockheim (343 m über NN) verläuft die Frankenwaldbahn wie schon von Kronach her in mäßiger Steigung im Haßlachtal. Kurz vor dem Ort Pressig überquert sie die Tettau und erreicht den 377 Meter über dem Meersspiegel angelegten Bahnhof Rothenkirchen (1939 umbe-

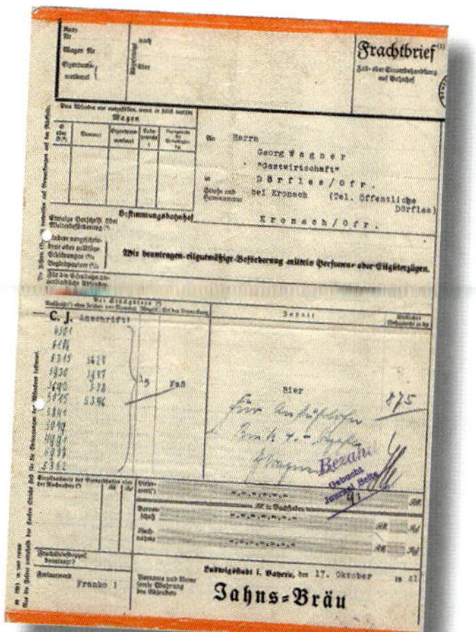
Frachtbrief
Herrn
Georg Wagner
"Gastwirtschaft"
Dörfles/Ofr.
bei Kronach (Tel. Öffentliche Dörfles)
Bestimmungsbahnhof
Kronach/Ofr.
Wir beantragen eilgutmäßige Beförderung mittels Personen- oder Eilgüterzügen.
C. J. Anschrift!
1 Faß
Bier
Franko !
Ludwigsstadt i. Bayern, den 17. Oktober 1941
Jahns-Bräu

1941: Bierfracht von Ludwigsstadt nach Kronach. *Abb.: Slg. Starck*

Der Trogenbachviadukt in Ludwigsstadt mit den ursprünglichen Eisenfachwerkträgern. (Der Umbau begann 1923.) *Foto: Slg. Kobschätzky*

Mai 1926: bayer. S 3/6 mit FD 80 Berlin – München und T 20-Schiebelok auf dem erneuerten Viadukt in Ludwigsstadt. *Foto: Slg. Gerhard*

nannt in Pressig-Rothenkirchen). Ab dort im deutlich verengten Haßlachtal stark steigend, nimmt die Strecke ausgeprägten Gebirgsbahncharakter an. Hinter dem Bahnhof Förtschendorf (455 m über NN) steigt die Frankenwald-Südrampe auf fast sechs Kilometern Länge durchgängig um 25 bis 27 Promille. Bei der Bastelsmühle verlässt sie das Haßlachtal, folgt bis Steinbach am Wald dem Dammbachtal aufwärts und erreicht im Bahnhof Steinbach den 594 Meter über Normalnull gelegenen Scheitelpunkt. In einem noch im nördlichen Bahnhofsbereich beginnenden Einschnitt (den auf einer Brücke die Rennsteigstraße quert) durchbricht die Strecke die als Rennsteig bekannte Rhein-Elbe-Wasserscheide und senkt sich auf der um bis zu 27 Promille geneigten Nordrampe nach Ludwigsstadt ab. Kurz vor dem Bahnhof Ludwigsstadt stößt sie an das Trogenbachtal, das sie auf einer 200 Meter langen und 25 Meter hohen, auch den Stadtkern überspannenden Fischbauchträger-Brücke quert. (Die drei Fischbauchträger ersetzten 1923/24 die ursprünglichen Eisenfachwerkträger.) Hinter dem hoch über dem Ort gelegenen Bahnhof (457 m über NN) setzt sich das Gefälle fort. Mit zahlreichen Gleisbögen bis herab zu 291 Meter Radius windet sich die Bahn durch das enge Loquitztal, drei Kilometer hinter dem Bahnhof Ludwigsstadt vorbei am 1965 aufgelassenen Haltepunkt Lauenstein, dessen Empfangsgebäude erhalten ist. Am Falkenstein überquert sie die bayerisch-thüringische (und ehemalige innerdeutsche) Grenze und erreicht von dort nach 1,7 km den 365 Meter über Normalnull gelegenen Bahnhof Probstzella, vor dem die rund 13 Kilometer lange Nordrampe endet. Ab Probstzella neigungsarm, jedoch weiterhin kurvenreich folgt die Strecke dem Loquitztal und schließlich ab Kaulsdorf (Bahnhofsname bis 1954 Eichicht) dem Saaletal bis zum Knotenbahnhof Saalfeld. Großzügig mag man die 25 Kilometer lange Strecke Probstzella – Saalfeld als Teil der Frankenwaldbahn ansehen, sie soll aber hier nicht näher betrachtet werden.

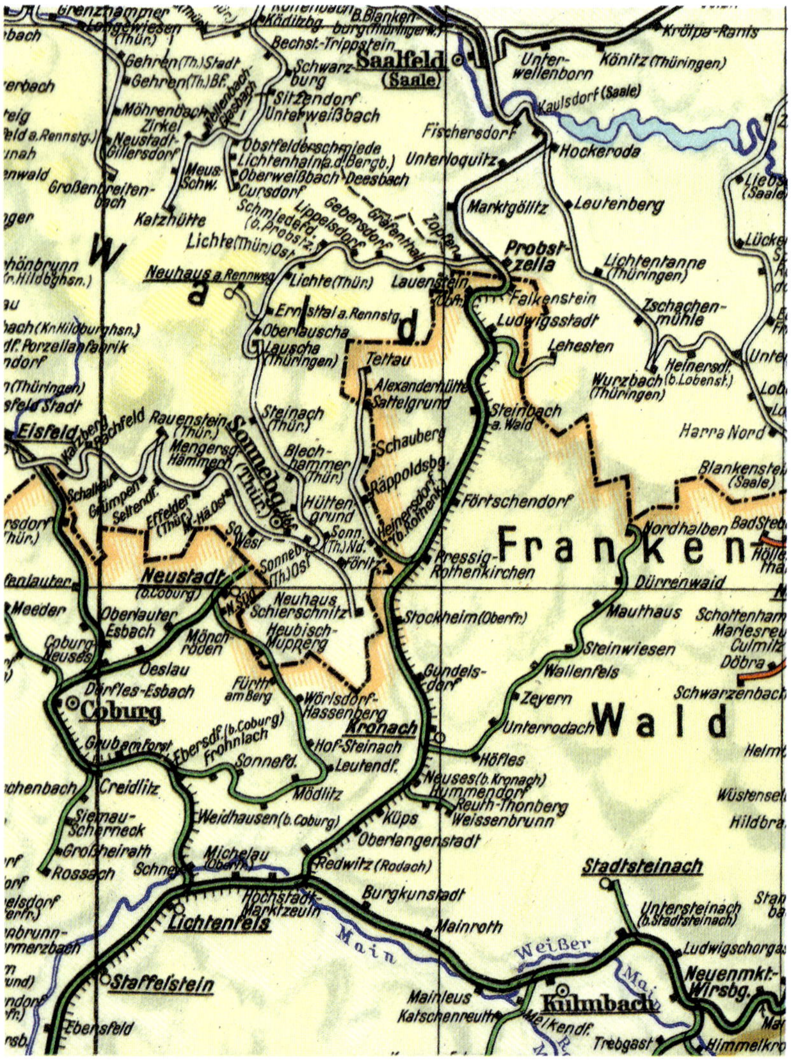

Die innerdeutsche Grenze zerschnitt 1945 viele Bahnstrecken. *Karte: Slg. Gerhard*

Die Länge des Streckenabschnitts Stockheim – Probstzella beträgt 30,91 km, der gesamten Frankenwaldbahn von Hochstadt-Marktzeuln bis Probstzella 54,58 km. An der Landesgrenze zwischen Bayern und Thüringen wechselt die Kilometrierung von 52,94 km (ab Hochstadt-Marktzeuln) auf 166,67 km (von Leipzig Hbf aus). Eine Bemerkung zu den Steigungsangaben: Der Bahnbau-Chronist Kosmas Lutz hat in seiner Beschreibung vom Juli 1883 die Maximalsteigung im Steilrampenabschnitt Rothenkirchen – Grenze mit 1 : 40 (entsprechend 25 Promille) beziffert. In vielen neueren Publikationen ist sie mit 29 Promille angegeben. Laut Streckengrafik der DB Netz AG beträgt die Maximalsteigung jedoch auf der Südrampe im Süd-Nord-Gleis exakt 27,099 ‰, auf der Nordrampe im Nord-Süd-Gleis genau 27,054 ‰, das jeweils kurz vor dem Bahnhof Steinbach am Wald. Große Schilder im nördlichen Bahnhofsbereich geben den Scheitelpunkt mit „594,54 m ü. NN" an, die Streckengrafik beziffert seine Höhenlage an gleicher Stelle mit 594,65 m.

Zurück zur Historie: Der Bahnbau im Frankenwald erforderte besonders bei der Nordrampe wegen der Lage des Bahnkörpers am teils sehr steilen Talhang umfangreiche Erdarbeiten. Von den größeren Kunstbauten sei neben dem schon erwähnten Trogenbachviadukt über Ludwigsstadt noch die 56 Meter lange und 14 Meter hohe Taugwitztalbrücke beim Kupferhammer nahe Lauenstein genannt. Der 25 Kilometer lange Rampenabschnitt Rothenkirchen – Probstzella wurde von vornherein für zwei Gleise angelegt, zunächst aber nur ein Gleis verlegt. In Rothenkirchen und Probstzella errichtete man je eine Lokstation, Letztere auch von den bis Probstzella für die Betriebsführung zuständigen Bayerischen Staatseisenbahnen mit zu benutzen.

Am 8. August 1885 dampfte von Stockheim bis Ludwigsstadt der Eröffnungszug, zugleich nahmen die Preußischen Staatseisenbahnen den Streckenabschnitt Eichicht – Probstzella in Betrieb. Am 1. Oktober 1885 folgten der feierlich vollzogene Lückenschluss Ludwigsstadt – Probstzella und die Aufnahme des durchgehenden Verkehrs mit drei regulären Personenzugpaaren zwischen Hochstadt und Probstzella. Zwei Monate später wurde am 1. Dezember 1885 auch die südöstlich des Ludwigsstädter Trogenbachviadukts abzweigende Nebenbahn ins thüringische Lehesten dem Betrieb übergeben.

Bahnhof und Lokstation Probstzella um das Jahr 1910. ***Foto: Slg. Kobschätzky***

Ausbau zur Länderbahnzeit

Schon der ab 1. Juni 1886 gültige Sommerfahrplan enthielt zwei weitere über die Frankenwaldrampe laufende Reisezugpaare: eines als GmP (Güterzug mit Personenbeförderung) ausgewiesen sowie eines mit Kurswagen München – Berlin (und umgekehrt), nordwärts als Eilzug und südwärts als Schnellzug qualifiziert.

Ab 1887 nahm auch der Güterverkehr deutlich zu, insbesondere sorgte der Biertransport aus Bayern nach Norden für erhöhtes Frachtaufkommen. Da auf der Rampenstrecke anfangs nur ein Wagenzuggewicht von 150 Tonnen erlaubt war, mussten fast alle Güterzuge in Probstzella oder Rothenkirchen geteilt werden. Bald ließ man wohl höhere Zuglasten zu, was jedoch Vorspann oder Schub oder sogar beides erforderte. Im Übrigen musste man sehr schwere Züge weiterhin teilen. Mit steigender Anzahl der Züge, zudem wegen der unvermeidlichen Lz-Fahrten zurückkehrender Schiebeloks stieß die Streckenkapazität an ihre Grenze. Folglich wurde auf dem von vornherein dafür trassierten Steilrampenabschnitt Rothenkirchen – Probstzella bereits 1890 das zweite Gleis verlegt.

Mit weiter steigenden Verkehrsleistungen gelangte auch die sparsamst trassierte Teilstrecke Hochstadt – Stockheim an ihre Leistungsgrenze, hier erschwerten die häufig nötigen Zugkreuzungen in den Zwischenbahnhöfen in nicht mehr hinnehmbarem Ausmaß die Fahrplangestaltung. Im Oktober 1901 bewilligte der Bayerische Landtag endlich die Finanzmittel für den zweigleisigen Ausbau von Hochstadt bis Rothenkirchen. Dieser wurde 1903/04 im Abschnitt Hochstadt – Neuses und nördlich von Kronach realisiert. Von Hochstadt bis kurz vor Redwitz erhielt die Strecke eine völlig neue, um etwa 700 Meter kürzere Trasse. Ursprünglich zweigte die „Hochstadt-Stockheimer Eisenbahn" erst hinter der Mainbrücke bei Horb am Main in einer engen Kurve von der Ludwig-Süd-Nord-Bahn ab. Nun fädelte man die Strecke eigenständig aus dem Hochstädter Bahnhof aus und führte sie auf einer neuen Brücke über den Main.

Im Abschnitt Neuses – Kronach begannen die Arbeiten für das zweite Gleis erst im Herbst 1904, nachdem die Frage der Verlegung des Bahnhofs Kronach zugunsten des Ausbaus der vorhandenen Anlagen entschieden war. Ab 1. Mai 1905 herrschte auf der gesamten Frankenwaldbahn zweigleisiger Betrieb.

Die Station Probstzella wurde mit Eröffnung der Nebenbahn nach Taubenbach (heute Schmiedefeld) am 15. Oktober 1898 zum Abzweigbahnhof, im Januar 1899 ging das Streckenstück Taubenbach – Bock-Wallendorf in Betrieb. Die vom Schmiedefelder Abbaugebiet via Saalfeld zur Maxhütte Unterwellenborn geführten Eisenerzzüge mussten in Probstzella Kopf machen, was eine Erweiterung der dortigen Bahnanlagen erforderte. Erneut zusätzliches Verkehrsaufkommen bescherte dem Bahnhof Probstzella der im Jahr 1913 hergestellte Anschluss der Taubenbacher Strecke an die Linie von Sonneberg über Lauscha. Vor allem wegen ihrer Bedeutung als Teilstück der Magistrale München – Nürnberg – Halle – Berlin baute man bis 1914 auch die Strecke Probstzella – Saalfeld sowie die anschließende Saalebahn komplett doppelgleisig aus. ❑

Blick auf die Anlagen des Bahnhofs Probstzella im Jahr 1939. ***Foto: J. Escherich/Slg. Treuner***

MAGISTRALE
MÜNCHEN–BERLIN

Im Jahr nach der Streckeneröffnung wurden durchlaufende Wagen München–Saalfeld–Berlin eingeführt. Schon vor 1914 war die Route über den Frankenwald die schnellste zwischen Isar und Spree. Fernschnelltriebwagen setzten ab 1936 mit 6 Stunden und 40 Minuten eine neue Bestmarke. Der elektrische Betrieb bis Saalfeld ab Mai 1939 brachte nur geringe Fahrzeitgewinne

18 514 mit D 40 und Schiebelok Baureihe 96 bei Lauenstein (1932). ***Foto: E. Köditz***

Von den das Betriebsgeschehen auf der Frankenwaldbahn prägenden Dampflokomotiven sind bis heute die bayerischen Gt 2 x 4/4 vielen Eisenbahnfreunden ein Begriff, zumal es populäre H0- und N-Modelle gibt. Wen aber interessieren noch die Maschinen der ganz frühen Jahre? Nun, es ist schon erinnernswert, dass bis zum Erscheinen der Mallet-Giganten den Anforderungen im Rampendienst eigentlich längst nicht mehr genügende C-Kuppler eingesetzt waren.

Mit den zunächst maximal 150 Tonnen schweren Güterzügen konnten die in Rothenkirchen stationierten Loks der Gattung C IV (ab 1884 gelieferte C n2 mit 1340 mm Treibraddurchmesser) die Steigungen noch alleine bewältigen. Nachdem bald höhere Lasten erlaubt waren, brachten in der Regel zwei C IV die Güterzüge über die Rampen, eine als Zug- und eine als Schiebelok. Zwar wurden die Züge nordwärts in Rothenkirchen und südwärts in Probstzella meist weiterhin geteilt, doch kam man wegen des steigenden Frachtaufkommens zur Vermeidung von noch mehr Zugfahrten um eine weitere Lasterhöhung nicht herum. Folglich schoben nun öfters zwei C IV. Leistete außerdem eine Lok Vorspann, bewältigten sogar vier Maschinen mit vereinter Kraft die Bergfahrt. Dabei kam es auch zum gemeinsamen Einsatz von Zwillings-C IV mit den ab 1892 gebauten C IV in Zweizylinder-Verbundausführung (C n2v).

Den Reisezugdienst auf der Strecke Hochstadt – Probstzella bestritten anfangs die Zweikuppler der Gattungen B V und B VI (beides 1B n2), bedarfsweise von schiebenden C IV-Lokomotiven unterstützt. Mit den ab 1886 sukzessive eingeführten Eil- und Schnellzügen befuhren wohl mindestens bis Rothenkirchen 1B n2-Schnellzugloks der Klasse B IX die Frankenwaldbahn. Ob und ab wann sie bis Probstzella kamen, sei hier offen gelassen. Mehreren Quellen zufolge setzte die Betriebswerkstätte Nürnberg nämlich die leistungsfähigeren 2'B n2v-Verbundlokomotiven der Gattung B XIc ab 1896 zunächst nur bis Rothenkirchen ein und erst ab 1897 bis Probstzella. Jedenfalls halfen C IV als „Schieber" auch den von B XIc geführten Schnellzügen die Steilrampen hinauf.

Ab 1901 oder 1902 (die Quellen differieren) liefen die B XIc von Nürnberg bis Saalfeld durch. Mit Personenzügen sollen bereits

Wichtig im Rampendienst: Dreikuppler der bayer. Gattung C IV. ***Foto: R. Kallmünzer***

um diese Zeit preußische P 4 über Probstzella hinaus bis Rothenkirchen gekommen sein. Den Güterzug- und Schiebedienst auf der Frankenwaldbahn beherrschten weiterhin die C IV. Die neueren und leistungsfähigeren 1'D n2-Maschinen der Gattung E I wurden den Betriebswerkstätten Aschaffenburg und Würzburg zugeteilt, wo man sie für den Einsatz auf der mit Güterzügen noch stärker belasteten Main-Spessart-Bahn, speziell auf der Spessartrampe Laufach – Heigenbrücken, dringend benötigte.

Ab Sommerfahrplan 1904 absolvierten auch die Schnellzugloks der Klasse C V (2'C n4v) den Durchlauf Nürnberg – Saalfeld. Im Rahmen des Naturalausgleichs der Kilometerleistungen fuhren dafür preußische Güterzuglokomotiven bis Rothenkirchen. Wenige Jahre später liefen Nürnberger S 3/5 bis Saalfeld durch. Mit diesen gegenüber der Gattung C V leistungsgesteigerten Vierzylinder-Verbundmaschinen ließen sich insbesondere die Fahrzeiten der Schnellzüge München – Halle – Berlin weiter kürzen.

Gemäß einer Vereinbarung zwischen den Staatseisenbahnen Bayerns und Preußen sollten ab Sommer 1912 die modernsten Schnellzuglokomotiven beider Bahnen wechselseitig im Durchlauf Nürnberg – Halle (Saale) eingesetzt werden. Die Preußen preschten vor: Bereits ab Herbst 1911 setzte die Betriebswerkstätte Halle (Saale) die ersten drei von Henschel gelieferten S 10^1 (2'C h4v) probeweise bis Nürnberg ein. Ab Frühjahr 1912 erhielt die Betriebswerkstätte Nürnberg Centralbahnhof ihre ersten S 3/6 (2'C1' h4v), zehn „hochhaxige" Maschinen der Serien d und e mit 2000 mm Treibraddurchmesser. Ab Sommerfahrplan 1912 absolvierten S 10^1 und S 3/6 den spektakulären 314-km-Langlauf regulär, mehreren Publikationen zufolge mit den D-Zug-Paaren 39/40, 49/50 und 79/80 der Relation München – Berlin und zurück. Jedoch wurde laut einem im EK-Buch „Die Frankenwaldbahn" als Quelle genannten Buchfahrplan vom 1. Mai 1914 bei D 39/40 in Saalfeld die Lok gewechselt.

Trotz leistungsstärkerer Zuglokomotiven mussten noch häufig zwei C IV die Schnellzüge über die Frankenwaldrampe drücken. Bei Güterzügen waren zwei Schubloks mittlerweile die Regel. Das änderte sich 1914 mit Übernahme des Schiebedienstes durch die neuen Gt 2x4/4 (D'D h4v). Dem Einsatz der riesigen, später als 96er bezeichneten Mallet-Tenderloks ist ein gesondertes Kapitel gewidmet. So viel schon hier: Eine Gt 2x4/4 konnte mühelos zwei C IV ersetzen, zudem schwerere Züge als bisher in wesentlich kürzerer Zeit nach Steinbach am Wald hinaufschieben. Mithin konnte man die Grenzlasten erhöhen, ergo Zugteilungen in Rothenkirchen und Probstzella vermeiden und den Betrieb wirtschaftlicher gestalten. Die Beschleunigung der Güterzüge verbesserte die Streckendurchlässigkeit – eine auch wegen der immens gewachsenen Bedeutung der Frankenwaldbahn für den Fernreiseverkehr überfällige Maßnahme.

Rascher Verkehrsaufschwung

Die drei am 1. Oktober 1885 eingeführten Personenzugpaare zwischen Hochstadt und Probstzella waren für Fernreisende nur als Umsteigeverbindungen interessant: in Hochstadt mit Anschluss an Züge von bzw. nach Nürnberg, in Probstzella mit Anschluss an Züge nach/von Saalfeld, darüber hinaus teils auch nach/von Gera und Leipzig. Die Hauptroute für den Fernverkehr Nürnberg – Leipzig blieb zunächst die Ludwig-Süd-Nord-Bahn via Lichtenfels – Neuenmarkt – Hof. Dabei sprach der Entfernungsvergleich für den um 32 Kilometer kürzeren Weg über Probstzella, Saalfeld und Gera (Distanz Nürnberg – Leipzig 322 km statt 354 km), übrigens auch kürzer als der Weg über Marktredwitz – Hof (336 km).

Durchgehende Züge oder Wagen zwischen München und Berlin liefen bis 1886 generell über Hof. Alternativ zur Route via Lichtenfels und die „Schiefe Ebene" gab es schon seit 1865 die kürzere Verbindung über Regensburg – Wiesau – Eger – Hof. Nach In-

Preuß. S 10^2 mit FD 80 um das Jahr 1930 bei Lauenstein. ***Foto: RVM/Slg. Dr. Rampp***

58 1090 fährt 1936 bei Lauenstein bergwärts, 95 018 rollt auf dem Gegengleis als Schlusslok nach Probstzella. ***Foto: C. Bellingrodt/Slg. Gerhard***

betriebnahme der Strecke Nürnberg – Schnabelwaid – Marktredwitz – Oberkotzau (etappenweise 1877/78) und dem Lückenschluss zwischen Wiesau und Marktredwitz (1882) ging es auf direktem Weg von Regensburg nach Hof, mithin verkürzte sich die Entfernung München – Berlin auf 654 Kilometer (110 km weniger als via Nürnberg – Lichtenfels – Hof).

Zum ab 1. Juni 1886 gültigen Sommerfahrplan stellte man eine umsteigefreie Verbindung München – Berlin auch auf der insgesamt längeren, freilich Nürnberg einbeziehenden Route via Probstzella her. Über die Frankenwaldbahn wurden die durchlaufenden Wagen im neuen Zugpaar 31/32 geleitet. Nordwärts verkehrte es als Eilzug 31, südwärts als zuschlagpflichtiger Schnellzug 32. Der Wagenlauf führte wie auch bei in den folgenden Jahren eingerichteten Kursen über Saalfeld, Gera, Zeitz, Weißenfels und Halle. Die Distanz München Centralbahnhof – Berlin Anhalter Bahnhof betrug 702 km (über Ingolstadt).

Zum Sommerfahrplan 1890 wurde mit dem Zugpaar 39/40 erstmals ein durchgehender Wagenlauf Rom – München – Berlin über die Frankenwaldbahn eingeführt. Nach Verstaatlichung der „Saal-Eisenbahn-Gesellschaft" (1895) leitete man ab Sommer 1897 erstmalig Schnellzüge der Relation München – Berlin über Jena – Großheringen – Weißenfels, was einen Fahrtrichtungswechsel in Großheringen erforderte. Mit der jeweils schnellsten Verbindung dauerte die Reise von München nach Berlin ca. 14 1/2 Stunden, von Berlin nach München knapp 15 Stunden. Wesentlich rascher von der Spree zur Isar gelangte man noch immer auf der Route über Regensburg, 1897 benötigte der D 46 für die 654 km lange Strecke vom Anhalter Bahnhof in Berlin bis zum Münchner Centralbahnhof nur zwölfeinhalb Stunden.

Am 1. Mai 1899 ging die Verbindung zwischen Camburg und Bad Kösen, genauer zwischen den Abzweigen Großheringen und Saaleck, in Betrieb. Damit erübrigte sich das zeitraubende Kopfmachen in Großheringen. Umso mehr fungierte die Saalebahn als Teilstück der Magistrale München – Halle – Berlin, dementsprechend wurde sie ab 1903 zweigleisig ausgebaut. Die Linie über Gera und Zeitz blieb für den Fernverkehr vor allem in der Relation Nürnberg – Leipzig bedeutsam.

Die Hauptverkehrsströme beider Strecken liefen gebündelt auf der Frankenwaldbahn, die in den letzten Jahren vor Ausbruch des Ersten Weltkriegs eine Blütezeit erlebte. Hier eine Liste der im Sommerfahrplan 1914 über Probstzella geleiteten Fernreisezüge (Relationen bei Zugpaaren sowie dort genannten Kurswagen jeweils hin und retour):

D 39/40 München – Halle – Berlin
Kurswagen Rom – Berlin, Triest – Berlin, München – Leipzig
D 45/46 Zürich – Stuttgart – Halle – Berlin
Kurswagen Luzern – Berlin, Luzern – Leipzig
D 49/50 München – Halle – Berlin (Nachtzüge)
Kurswagen Verona – Berlin, Triest – Berlin, München – Leipzig
D 69/70 Lindau – Augsburg – Halle – Berlin (saisonale Nachtzüge)
Kurswagen Chur – Berlin, Luzern – Berlin
D 79/80 München – Halle – Berlin
Kurswagen Rom – Berlin, Triest – Berlin
D 168 Berlin – Halle – München (saisonaler Nachtzug)
Kurswagen Berlin – Augsburg – Lindau
E 103/73*)
Nürnberg – Gera – Zeitz – Weißenfels
Kurswagen Nürnberg – Gera – Zeitz – Leipzig
E 72/104*)
Weißenfels – Zeitz – Gera – München
Kurswagen Leipzig – Zeitz – Gera – München
E 169 München – Gera – Leipzig
Kurswagen München – Halle – Breslau
E 170 Leipzig – Gera – München
Kurswagen Halle – München, Erfurt – Saalfeld – München

Anmerkungen:
Die Eilzüge (E) waren in den Fahrplantabellen als fett hervorgehobene Personenzüge dargestellt, wurden jedoch in den Vorbemerkungen als „zuschlagfreie Schnellzüge (Eilzüge)“ bezeichnet.
*) nur in der genannten Richtung, Zugnummernwechsel in Probstzella

Im Wesentlichen aufgrund der Führung über Jena hatte sich der Laufweg der Schnellzüge Berlin – München gegenüber der Route über Zeitz – Gera von 702 auf 674 km verkürzt (nun ja, bei denen über Augsburg statt Ingolstadt auf gerundet 675 km). Und noch interessanter: Die schnellsten Züge südwärts wie nordwärts unterboten mittlerweile deutlich die kürzesten Reisezeiten auf der um ca. 20 km kürzeren Route über Hof – Regensburg. Der D 80 brauchte von Berlin Anhalter Bahnhof bis München Hbf 8 Stunden 57 Minuten, der Gegenzug D 79 legte die Strecke gar in nur 8 Stunden 41 Minuten zurück – also mit einer Reisegeschwindigkeit von 77,6 km/h! Allerdings hatten diese Züge nur in Nürnberg und Halle (Saale) Verkehrshalte, außerdem Betriebshalte nordwärts in Rothenkirchen und südwärts in Probstzella (jeweils Ansetzen der Schiebelok). Zum Vergleich noch die Reisezeiten mit den schnellsten Zügen Berlin – München über Regensburg: Im D 26 südwärts war man planmäßig 10 Stunden 25 Minuten unterwegs, im D 29 nordwärts 10 Stunden 27 Minuten.

Dem lokalen Verkehr auf der Frankenwaldbahn dienten im Sommer 1914 drei auf allen Stationen haltende Personenzugpaare der Relation Lichtenfels – Saalfeld, eines zwischen Lichtenfels und Probstzella sowie wenige auf Teilstrecken eingesetzte Züge. Die Reisezeiten von Hochstadt-Marktzeuln bis Probstzella betrugen zwischen 2 Stunden 20 Minuten und 2 Stunden 36 Minuten, in der Gegenrichtung zwischen 2 Stunden 11 Minuten und 2 Stunden 43 Minuten. Damit waren sie nicht gerade spektakulär kürzer als im Winterfahrplan 1885/86, damals dauerte die Reise nord- wie südwärts zwischen 2 Stunden 35 Minuten und 2 Stunden 44 Minuten. Allerdings gab es lange Aufenthalte unterwegs. Dass im Sommer 1914 beispielsweise der mit einer Saalfelder P 8 bespannte P 375 von Hochstadt-Marktzeuln bis Probstzella 2 Stunden 36 Minuten brauchte, lag wesentlich am 23-minütigen Halt in Rothenkirchen, wo der Zug vom E 169 überholt wurde.

Zum schon ab 1887 stark gestiegenen Frachtaufkommen trug erheblich der Biertransport von den großen Nürnberger und Kulmbacher Brauereien nach Mittel- und Norddeutschland bei. Aber auch kleinere Braustätten an der Frankenwaldbahn versandten den Gerstensaft teils in ferne Regionen. Noch stärker boomte der Güterverkehr in der lang anhaltenden Hochkonjunkturphase seit Mitte der 1890er Jahre. Im Ersten Weltkrieg sorgten Militärtransporte für hohe

57 3432 auf Talfahrt nach Probstzella auf der Taugwitztalbrücke bei Ludwigsstadt (Juni 1935). ***Foto: C. Bellingrodt/Bildarchiv der Eisenbahnstiftung***

95 014 als Schiebelok oberhalb von Förtschendorf (Mai 1932). ***Foto: Archiv BD Nürnberg***

Tonnagen. Der zivile Reiseverkehr wurde zugunsten des militärischen allerdings immer mehr eingeschränkt.

Mit Dampf zur Reichsbahnzeit

Nach Wiederaufnahme des friedensmäßigen Schnellzugverkehrs, zunächst am 1. Juni 1919 mit D 39/40, führte nunmehr die Reichsbahn am 1. Juli 1923 als herausragend schnelle Tagesverbindung zwischen München und Berlin das FD-Paar 79/80 ein. Mit 64,7 bzw. 63,8 km/h Reisegeschwindigkeit bei ebenfalls nur zwei Verkehrshalten in Nürnberg und Halle erreichte es anfangs zwar nicht annähernd jene des D 79/80 vor dem Krieg (1914: nordwärts 77,6 km/h, südwärts 75,3 km/h); es war aber eines der beiden ersten als FD qualifizierten Fernschnellzugpaare überhaupt, das andere verband Berlin mit Hamburg. In der Relation München – Berlin kam übrigens 1929 das Schlafwagenzugpaar FD 71/70 hinzu, das jedoch schon 1934 zum D 71/70 herabgestuft wurde.

Im Sommer 1926 befuhren wie anno 1914 wieder fünf Schnellzugpaare München – Halle – Berlin die Frankenwaldbahn, außerdem D 267/268 in der Relation Stuttgart – Leipzig – Berlin. Mit letzterem Zugpaar absolvierten Nürnberger S 3/6 seit 1924 den 322-km-Langlauf zwischen Nürnberg und Leipzig über Gera. Allerdings setzte das Bw Nürnberg Hbf mittlerweile ebenso wie im Durchlauf Nürnberg – Halle statt der „Hochhaxigen“ mit Zwei-Meter-Rädern in der Regel die S 3/6 mit 1870 mm Treibraddurchmesser ein.

Das Bw Halle (Saale) 1 bespannte, nachdem es alle S 10^1 abgegeben hatte, Schnellzüge bis Nürnberg nun mit Drillingslokomotiven der Gattung S 10^2 (Baureihe 17^2, Bauart 2'C h3). Um 1930 übernahmen dem Bw Halle 1 zugeteilte S 3/6 (überwiegend solche der Henschel-Serie 18 531 bis 548) abschnittsweise die Beförderung von D- und FD-Zügen auf der Strecke Berlin – Nürnberg, so auch den Durchlauf mit FD 80/79 zwischen Halle und Nürnberg. 1933/34 lösten in Halle beheimatete 03er die S 3/6 in diesen Plänen ab. Nürnberger S 3/6 blieben aber im Schnellzugdienst auf der Frankenwaldbahn präsent. Die Hallenser 03 liefen bald auf den 476 Kilometern von Berlin bis Nürnberg durch. Bezugnehmend auf einen Bericht der RBD Halle nennt Horst Troche in seinem Buch „Die Baureihe 03“ (EK-Verlag 2006) den im Sommer 1936 gefahrenen Langlauf mit FD 85/D 49. Die Zugnummer FD 85 kann aber nicht stimmen (weil es keinen FD 85 gab; Tipp- oder Druckfehler?), plausibel sind die Leistungen Berlin – Nürnberg mit dem FD 80 und mit dem nächtlichen D 49 zurück nach Berlin.

Das Bw Nürnberg Hbf erhielt 1935 seine ersten Maschinen der Baureihe 01 und setzte sie mit D 39/40 sogleich im Langlauf Nürnberg – Berlin ein, außerdem übernahmen die 01er Schnellzugleistungen im Streckenabschnitt bis Halle. Mit Langläufen Berlin – Nürnberg renommierten ab 1937 auch 01er des Bw Berlin Anhalter Bahnhof.

Die Bespannung sämtlicher FD- und D-Züge auf der Frankenwaldrampe im Sommer 1937 geht aus einer Liste im von Steffen Lüdecke verfassten Buch „Die Baureihe 96 – Gigant unter den Dampflokomotiven“ (Kohlhammer-Verlag 1983) hervor. Sie nennt die täglich von Rothenkirchen bzw. Probstzella bis Steinbach am Wald mit einer 95er oder einer 96er nachgeschobenen Züge, womit sie alle zehn auf der Frankenwaldbahn verkehrenden Schnellzugpaare erfasst.

Im Sommerfahrplan 1937 von Nürnberger 01 gezogen wurden nord- bzw. südwärts die D 39/40, 49/50, 91/92 und 139/140, von Hallenser 03 die D 71/70 und FD 79/80, von Nürnberger S 3/6 (Baureihe 18^{4-5}) noch die D 125/126 und 237/238, von Saalfelder P 10 (Baureihe 39) die D 149/150 und 239/240. Sieben Zugpaare verkehrten in der Relation München – Halle – Berlin. Drei hatten andere Stammlaufwege: D 91/92 Lindau – Berlin via Augsburg und Halle, D 125/126 Nürnberg – Berlin sowie D 237/238 Stuttgart – Berlin via Gera und Leipzig. Kurswagen führten fast alle Züge in auch noch im Sommer 1939 angebotenen Verbindungen, weshalb auf die Übersicht der Fernzüge im letzten Vorkriegsfahrplan auf Seite 35 verwiesen sei.

Die planmäßigen Fahrzeiten der Schnellzüge betrugen im Sommer 1937 auf dem 25,4 km langen Streckenabschnitt Rothenkirchen – Probstzella nordwärts zwischen 34 und 46 Minuten, südwärts zwischen

Grenzlasten der Güterzug-Dampfloks

gültig für Bergfahrten Pressig-Rothenkirchen – Steinbach und Probstzella – Steinbach

Baureihe	43	44	$53^{80*)}$	57^5	57^{10}	58^{10}	95	96
			bay. C IV*)	bay. G 5/5	pr. G 10	pr. G 12	pr. T 20	bay. Gt 2x4/4
	510 t	550 t	170 t	400 t	350 t	450 t	550 t	650 t (ab 1928)

*) Verbundausführung

Anmerkungen

Die Werte für die Baureihen 43, 44 und 53^{80} wurden den Merkbüchern von 1924 der DR bzw. 1953 der DB entnommen (Zuggewicht bei 20 km/h und 25 ‰), die Grenzlasten für die anderen Baureihen entsprechen dem Stand Mitte der 1920er Jahre. Auf den Zufahrtsstrecken Hochstadt – Rothenkirchen und Saalfeld – Probstzella konnten preuß. G 10 bergwärts Güterzüge mit 1180 t (Saalfeld – Probstzella: 900 t) befördern, preuß. G 12 Güterzüge mit 1400 t (1125 t).

93 504 mit einem Personenzug aus Probstzella bei Lauenstein (1935).

30 und 43 Minuten. Am kürzesten waren sie jeweils für die von 03 geführten FD 79 und FD 80, damals in der Regel gebildet aus einem Gepäckwagen, drei Sitzwagen AB4ü, einem Speisewagen und dem FS-Kurswagen von bzw. nach Rom. Mit vereinter Kraft hatten 03 und Schiebelok den 300 Tonnen schweren Zug in 19 Minuten von Rothenkirchen zum Bahnhof Steinbach am Wald hinaufzubringen (Distanz 12,3 km), auf der Rampe von Probstzella aus in 18 Minuten (Distanz 13,1 km). Die 01 musste die Bergfahrt mit den deutlich schwereren Nachtzügen D 91 und D 92 planmäßig in 28 bzw. 29 Minuten

Höllenfahrt des Güterzugs 6143

Im Februar 1924 erlangte der damalige Marktflecken Ludwigsstadt deutschlandweit und darüber hinaus Bekanntheit durch ein spektakuläres Eisenbahnunglück, von dem Einheimische noch Generationen später lebhaft erzählen.
Zu den Begleitumständen: 1923/24 wurden am Trogenbachviadukt die drei Fachwerkträger mit je 32 Metern Weite gegen neue Fischbauchträger ausgetauscht. Während des Umbaus herrschte eingleisiger Betrieb, seit Spätherbst 1923 war das Gleis Richtung Norden gesperrt. Zur Überleitung der Züge auf das Nord-Süd-Gleis hatte man vor der Einmündung der Lehestener Strecke (kurz vor dem Viadukt) eine Behelfsweiche „1 d" eingebaut, eine weitere Weiche verband auch die Nebenbahn aus Lehesten mit dem Nord-Süd-Gleis der Hauptbahn. Laut Fahranordnung mussten alle Züge in Richtung Norden am Einfahrsignal des Bahnhofs Ludwigsstadt halten, um dann die überleitende Weiche langsam zu durchfahren. Außer der in Rothenkirchen obligatorischen Prüfung der Bremsen war auch in Steinbach am Wald, also vor der Talfahrt, eine Bremsprobe vorzunehmen.
Die Waggons des Eilgüterzuges 6143 Nürnberg–Leipzig verfügten über die damals bei Güterwagen noch nicht selbstverständliche Druckluftbremse. Das Lokpersonal der am 18. Februar 1924 eingesetzten Saalfelder Vierlings-S 10 mit der Bahnnummer „1013 Trier" wollte wegen Problemen mit dem Hauptluftbehälter die Werkstatt im Nürnberger Wende-Bw aufsuchen, wurde dort aber auf eine Revision im Heimat-Bw verwiesen – in der Einschätzung, es werde bis Saalfeld gut gehen. Offenbar klappte die Bremsprobe in Rothenkirchen und auch noch beim Halt in Steinbach ohne besorgniserregende Komplikationen. Doch dann muss die Druckluftbremse (fast) völlig versagt haben.
Unter „wildem Pfeifen der Lok" – so zeitgenössische Berichte – raste der Zug knapp sechs Kilometer die Steilrampe hinunter. Als er mit weit überhöhter Geschwindigkeit die auf Linksabzweig gestellte Behelfsweiche „1 d" erreichte, entgleisten die Lokomotive und einige ihr folgende Wagen und stürzten rechts die Böschung bzw. vom ersten Teil der Brücke hinab. Vom vorderen Zugteil losgerissene Wagen befuhren die Weiche sogar noch im vorgegebenen Linksbogen, sprangen aber ebenfalls aus den Schienen und stürzten linksseitig in die Tiefe. Nur sechs der insgesamt 27 Waggons blieben auf der Brücke stehen. Aufgrund glühend heiß gelaufener Achslager waren mehrere Wagen in Brand geraten, das Feuer griff auf die meisten Waggons über.
Der Lokführer und ein im Packwagen mitreisender, den Sarg mit dem Leichnam einer Verwandten begleitender Fahrgast starben bei dem Unglück. Der Heizer, der Zugführer sowie der Schaffner und ein im letzten Waggon mitfahrender Wagenmeister – beide vorher abgesprungen – überlebten verletzt. Glücklicherweise kam sonst niemand zu Schaden, obwohl einige Waggons auf Häuser gestürzt waren.
In Presseberichten hieß es, der Zug sei bei einer Geschwindigkeit von mehr als 200 Stundenkilometern entgleist. Ein solches Tempo konnte er jedoch allein aufgrund des Reibwiderstands der Achslager kaum erreichen. Davon abgesehen, wären die Fahrzeuge schon bei deutlich weniger als 200 km/h in einem der Gleisbögen vor der Unfallstelle aus den Schienen gesprungen. Realistisch ist die Annahme, dass der Zug bis zur Entgleisung maximal etwa 140 bis 150 km/h erreicht hatte. Vollständig rekonstruieren ließ sich der Unfallhergang nicht. Die schwerstbeschädigte Vierlings-S 10 wurde sofort ausgemustert.

44 002 vermutlich um 1930 in Förtschendorf aufgenommen. *Foto: RVM/Slg. Gerhard*

schaffen, natürlich ebenfalls kräftige Schubhilfe vorausgesetzt.

Auch die 39er vor den E 169/170 (München – Leipzig und zurück) sowie den in den 1920er Jahren als „Beschleunigte Personenzüge" (BP) klassifizierten P 847 München – Leipzig und P 848 Berlin – München erhielten generell Schubunterstützung. Die gewöhnlichen, überall haltenden Personenzüge benötigten keinen oder nur fallweise Schub. Bespannt wurden sie meist mit P 8 (38^{10}), für die auf den Steilrampen 170 Tonnen Last zugelassen war. Wohl nur kurzzeitig befuhren von 1935 bis 1938 in Bamberg stationierte Einheitstenderloks der Baureihe 71 (1'B1') mit Kurz-Personenzügen die Frankenwaldbahn bis Probstzella.

Im Güterzugdienst hatten schon in den frühen 1920er Jahren dem Bw Rothenkirchen zugeteilte preußische G 10 (57^{10}) die bayerischen C IV abgelöst und leisteten neben den bereits seit 1914 eingesetzten Gt 2 x 4/4 auch Schiebedienst. Wenig später kamen Saalfelder G 12 (58^{10}) mit Durchgangsgüterzügen bis Rothenkirchen und Lichtenfels. Vor Eilgüterzügen liefen zunächst noch Vierlings-S 10 (Bauart 2'C h4, Baureihe 17^{0}) des Bw Saalfeld bis Nürnberg durch.

1926 trafen im Bw Rothenkirchen die fabrikneuen 44 001 bis 003 ein. Dort erstbeheimatet wurden vielen Publikationen zufolge auch die 43 001 bis 003. Laut Betriebsbuchabschriften (von Erstschriften) kamen sie jedoch 1927 fabrikneu zum Bw Erfurt G, wo 43 002 und 003 bis 1941 stationiert blieben, nach zwischenzeitlicher Erprobung durch die Lokversuchsanstalt Berlin-Grunewald auch die 43 001. (Freilich könnte die LVA die 43er zum direkten Vergleich mit 44ern auch auf der Frankenwaldbahn erprobt haben.) Das Bw Rothenkirchen erhielt 1928 vom Bw Weißenfels die 43 008, außerdem wohl noch einige andere 43er sowie Vorserien-44er aus dem Direktionsbezirk Erfurt. Die Zwillingsloks der Baureihe 43 wanderten schon bis 1931 ab. Die „Drillinge" der Baureihe 44 hingegen schleppten bis 1936 schwere Güterzüge auf der Frankenwaldbahn, dann wechselten sie zum Bw Würzburg, wo man alle zehn Vorauslokomotiven dieses Typs zusammenfasste.

In Probstzella beheimatet waren seit 1923/24 preußische T 20 (95er). Die den bayerischen Gt 2 x 4/4 (Baureihe 96) fast ebenbürtigen 1'E1' h3-Maschinen verrichteten Schubdienste und kamen nach dem Abzug der Baureihe 44 auf der Frankenwaldrampe sehr intensiv auch als Zuglokomotiven zum Einsatz. Dabei wurden Güterzüge in Rothenkirchen häufig von G 10 oder G 12 auf T 20 umgespannt und ab Probstzella von G 10 oder G 12 weiterbefördert. Dementsprechend praktizierte man den Lokwechsel

Die 44 007 fährt im Sommer 1931 mit einem langen Güterzug nach Nürnberg durch den Bahnhof Ludwigsstadt. ***Fotos: C. Bellingrodt/Slg. Gerhard (2)***

03 075 und Schiebelok 95 041 mit FD 79 nach Berlin auf der Südrampe bei Rothenkirchen (1934). ***Foto: C. Bellingrodt/Slg. Ponzlet***

in der Gegenrichtung. Sechs T 20 wurden 1936/37 im Bw Rothenkirchen stationiert, nur zwei der sechs kamen vom Bw Probstzella. Auf der Frankenwaldbahn erhielten im Sommerfahrplan 1937 planmäßig insgesamt 29 Güterzüge eine Schiebelok, 25 davon hatten als Zuglok eine T 20.

„Fliegender Münchner"

Im Fernverkehr auf der Magistrale München – Berlin bot auch noch 1935 das FD-Paar 79/80 die mit Abstand kürzesten Reisezeiten. FD 79 nordwärts legte die 674 km lange Strecke planmäßig in genau siebeneinhalb Stunden zurück, FD 80 südwärts brauchte 7 Stunden 38 Minuten. Die Züge erzielten also Reisegeschwindigkeiten von 89,9 bzw. 88,3 km/h. „Von einem noch bekannt zu gebenden Tage an" sollten laut Sommerkursbuch 1935 Fernschnelltriebwagen die Reisezeiten um rund eine Stunde verkürzen.

Doch frühestens gegen Ende des Winterfahrplans 1935/36 wurde die FDt-Verbindung Realität. Wahrscheinlich erst ab Beginn des Sommerfahrplans am 15. Mai 1936 dieselten zweiteilige SVT der Bauart Hamburg als FDt 551 von München (ab 6.40 Uhr) via Leipzig nach Berlin Anhalter Bahnhof (an 13.20 Uhr). Als FDt 552 (Berlin Ahb ab 17.06 Uhr) fuhren sie zurück (München an 23.42 Uhr). Im Abschnitt Nürnberg – Berlin liefen sie mit einem zweiten SVT „Hamburg" vereint, der die Relation Stuttgart – Berlin bediente (südlich von Nürnberg als FDt 711/712). Im Jahr 1938 übernahmen zwei dreiteilige SVT der Bauart Köln die zwischen Nürnberg und Berlin weiterhin vereinten Kurse.

Nach dem Vorbild des „Fliegenden Hamburgers" nannte der Volksmund die Verbindung mit FDt 551/552 „Fliegender Münchner". Übrigens brummte 1935 auf seiner Fahrt zur Hundert-Jahr-Feier der deutschen Eisenbahnen in Nürnberg sogar der originale „Fliegende Hamburger" VT 877 a/b über die Frankenwaldrampe. Und 1939/40 fanden auf ihr Messfahrten mit den zweiteiligen Elektrotriebwagen

38 2564 und eine S 3/6 mit D 40 vor Lauenstein (1935). ***Foto: RVM/Eisenbahnstiftung***

57 3486 (Bw Saalfeld) mit Güterzug nach Lichtenfels unterhalb von Lauenstein (27. Mai 1925). ***Foto: C. Bellingrodt/Bildarchiv der Eisenbahnstiftung***

Übergang zur Kunze-Knorr-Güterzugbremse

Vor dem Ersten Weltkrieg wurden Standardgüterwagen etwa zu einem Drittel mit Handbremse und zu zwei Dritteln ohne Bremse beschafft. Auf normalen Strecken genügte es, wenn ein Drittel der Güterwagen eines Zuges mit Handbremse ausgerüstet und mit einem Bremser besetzt war. Die ab 1914 verfügbare Kunze-Knorr-Güterzugbremse (Kkg) gelangte erst nach dem Ersten Weltkrieg bei allen neuen Güterwagen der Deutschen Reichsbahn zum Einbau. 1925 waren rund 100000 von insgesamt 673000 Reichsbahn-Güterwagen mit der Kkg-Bremse ausgestattet. Im selben Jahr beschloss die Reichsbahn, die vorhandenen Güterwagen beschleunigt auf Druckluftbremse umzurüsten. Ende 1926 besaßen bereits 333000 Wagen eine Kkg-Bremse. Ältere Waggons erhielten jedoch oft nur eine Bremsleitung, um sie in durchgehend gebremsten Zügen einstellen zu können. Sie wurden als Leitungswagen bezeichnet.

In Probstzella und Rothenkirchen waren vor der Bergfahrt häufig Rangierarbeiten erforderlich, um die für die Neigung von 1:40 ungenügend abgebremsten Züge durch Einstellung von „Bremsballastwagen" – teils verbunden mit der Zurücklassung von ungebremsten Güterwagen – für die Talfahrt ab Steinbach zu ertüchtigen. In der Übergangszeit mussten die Wagen mit Kkg-Bremse zudem an der Zugspitze eingereiht werden, damit sie an die Bremsleitung der Zuglok angeschlossen werden konnten; Leitungswagen sollten hinter den Kkg-Wagen laufen, um Probleme einer ungleichmäßigen Bremswirkung zu vermeiden. Vor diesem Hintergrund beschloss die Reichsbahn im April 1924, dass die Schiebelok am Scheitelpunkt nicht mehr vom Zug geht, sondern auch auf der Talfahrt mit dem Zug gekuppelt bleibt, damit sie zur Bremsung der Wagen beitragen kann. Gleichzeitig erhöhte sich so die Streckenkapazität, da man für leer zurückfahrende Schiebeloks von Güterzügen keine Trassen mehr benötigte. Nach Versuchsfahrten Ende April 1924 auf der Frankenwaldbahn wurde entschieden, dass jede Vorspann- oder Schiebelok die Bremsung von 200 t Zuggewicht übernimmt. (Aus Sicherheitsgründen wurde die Zuglok aber nicht in die Berechnung zur Bremsung des Zuggewichts miteinbezogen.) Fortan konnte häufig auf den Einsatz von Bremsern und „Bremsballastwagen" verzichtet werden. Um einen starken Bremsklotzverschleiß zu vermeiden, setzte man auf die Riggenbach-Gegendruckbremse. Die 95er besaßen sie von Anfang an, die auf der Frankenwaldbahn eingesetzten 57^{10} (preuß. G 10) wurden damit nachgerüstet, ebenso alle Lokomotiven der Baureihe 96.

TEXT: ANDREAS RITZ

Zwei SVT „Hamburg" als FDt 551 bei Lauenstein. ***Foto: Slg. Hufschläger***

der späteren Baureihe ET 11 statt, die für den Schnellverkehr München – Berlin bestimmt waren ...

71 001 mit P 378 bei Steinbach a. Wald (Juni 1935). *Foto: C. Bellingrodt/Slg. EJ*

Elektrifizierung 1935 beschlossen

Für den Zusammenschluss der elektrisch betriebenen Netze Süd- und Mitteldeutschlands kamen wahlweise die Routen über Saalfeld oder Hof in Betracht. Nach Prüfung der zwei Varianten entschied sich die Deutsche Reichsbahn-Gesellschaft für die Strecke Nürnberg – Saalfeld – Halle (Saale) mit dem Abzweig Großkorbetha – Leipzig. Am 9. September 1935 vergab die DRG die Bauaufträge zur „Elektrisierung".

Noch im gleichen Monat begannen die Arbeiten. Bereits 1937 gelangten Bahnhofsumbauten und die Profilfreimachung der Strecke (am aufwändigsten die des Erlanger Burgbergtunnels) zum Abschluss. Im Jahr 1938 stellte man das Unterwerk Steinbach am Wald fertig, weitere Unterwerke entstanden in Zapfendorf (zwischen Bamberg und Lichtenfels) und Rotenstein (bei Jena). Das Unterwerk Steinbach wurde an die neue 110-kV-Bahnstromfernleitung vom Unterwerk Grönhardt (bei Treuchtlingen) zum den Strom liefernden Kraftwerk Muldenstein (bei Bitterfeld) angeschlossen. Aufgrund des enormen Rohstoffbedarfs der Rüstungsindustrie und des dadurch verursachten Materialmangels konzentrierte man die Bautätigkeit auf den 182 Kilometer langen Streckenabschnitt Nürnberg – Saalfeld, um wenigstens auf diesem termingerecht die Fahrleitung fertigstellen zu können.

Am 13. Mai 1939 brachte die E 19 02 den Eröffnungszug von Saalfeld nach Nürnberg. Der Präsident der Reichsbahndirektion Erfurt, Dr. Offenberg, hob in seiner Festrede hervor, dass Fernschnellzüge künftig in 5 Stunden 50 Minuten von München nach Berlin fahren könnten. Zum Schluss der Ansprache kündigte Offenberg an, dass 1940 der Fahrdraht bis Halle und Leipzig reichen werde und man dann unverzüglich mit den Arbeiten auf den Streckenabschnitten Halle – Berlin sowie Großheringen – Erfurt beginne.

Der planmäßige elektrische Betrieb Nürnberg – Saalfeld wurde am 15. Mai 1939 aufgenommen. Mit Elektrotraktion konnte die Streckendurchlässigkeit erhöht werden, auf der Frankenwaldrampe freilich wegen des zunächst beibehaltenen Schiebedienstes mit

39 074 und 95 044 mit E 170 nach Nürnberg bei Steinbach a. Wald. ***Foto (Mai 1936): C. Bellingrodt/ Archiv Eisenbahnstiftung***

Zwei dreiteilige SVT der Bauart Köln rollen 1938 als FDt 551 nach Berlin bei Lauenstein die Nordrampe hinab. ***Foto: C. Bellingrodt/Slg. Ponzlet***

Dampflokomotiven nur eingeschränkt. Außerdem blieb es im Güterverkehr noch in erheblichem Umfang beim Dampfbetrieb, was sich auf das Fahrplangefüge der Gesamtstrecke auswirkte. Die für den Schiebe- und schweren Güterzugdienst vorgesehenen E 94 waren noch nicht verfügbar. So fielen die Fahrzeitverkürzungen bei Reisezügen recht bescheiden aus.

Dabei setzte die DRG auf der Frankenwaldbahn ihre modernsten Elloks ein, im Schnellzugdienst hauptsächlich E 18, in deren Plänen die vier E 19 mitliefen. Die Traktion der allermeisten Personenzüge oblag dem Bw Bamberg zugewiesenen E 44, die auch einen Teil des Güterverkehrs bewältigten. Die P 353/356 Nürnberg – Probstzella – Nürnberg waren eine Planleistung der ET 31. Güterzüge fuhren nach wie vor häufig mit Dampflokomotiven der Baureihe 57^{10}. Auf Teilstrecken gab es noch dampfgeführte Reisezüge. Mit dem Eilzugpaar E 83/84 Coburg – Stockheim – Saalfeld – Weimar (und zurück) schnauften P 8 über die Frankenwaldrampe. Mit einzelnen Personenzügen dampften 95er zwischen Saalfeld bzw. Probstzella und Ludwigsstadt.

Ab Mai 1940 befuhren E 18 und E 44 auch den nun elektrifizierten Streckenabschnitt bis Camburg (Saale). Im Oktober/November 1940 erhielt das (seit Mai 1939 so heißende) Bw Pressig-Rothenkirchen mit den fabrikneuen E 94 013, 015 und 016 erstmals Maschinen dieser Baureihe. Weitere dort beheimatete E 94 und zunächst drei dem Bw Probstzella zugeteilte Exemplare ermöglichten Mitte des Jahres 1941 die Ablösung

01 123 mit D 40 unterhalb von Lauenstein (1936). ***Foto: C. Bellingrodt/Slg. Dr. Hufnagel***

E 19 02 mit E 170 (Leipzig–Gera–München) und nachschiebender Dampflok bei Lauenstein (2. Juni 1939). ***Foto: C. Bellingrodt/Slg. Gerhard***

der 95er und 96er im Schiebedienst sowie (weitestgehend) der Dampflokomotiven im Güterzugdienst.

Im Mai 1941 wurde der elektrische Betrieb bis Weißenfels, am 2. November 1942 bis Leipzig Hbf ausgeweitet, mithin der Lückenschluss zwischen süddeutschem und mitteldeutschem Netz vollzogen. Das war's – von wegen Schnellverkehr mit ET 11 und E 19 bis Berlin. Die FDt 551/552 fuhren schon seit 22. August 1939 nicht mehr. Die zum gleichen Termin entfallenen FD 79/80 lebten im ab 1. Dezember 1939 gültigen Zwischenfahrplan (mit gestreckten Fahrzeiten) nochmals auf, bald danach verkehrten sie aber entgegen den Kursbuchangaben wohl erneut nicht mehr, dann ab 6. Oktober 1940

E 44 mit Personenzug aus Saalfeld bei Lauenstein (1939). ***Foto: RBD Erfurt/Slg. Dr. Rampp***

Fernverkehr via Frankenwaldbahn im Sommerfahrplan 1939

FD 79/80	München – Nürnberg – Halle – Berlin
	Kurswagen Rom – Berlin
FDt 551/552	München – Nürnberg – Leipzig – Berlin (werktags)
	Zugteil Stuttgart – Berlin (FDt 1551/1552)
D 39/40	München – Nürnberg – Halle – Berlin
D 49/50	München – Nürnberg – Halle – Berlin (Nachtzug)
	Kurswagen Rom – Berlin, saisonal Meran – Berlin
D 71/70	München – Nürnberg – Halle – Berlin (Schlafwagenzug)
D 91/92	Lindau – Augsburg – Nürnberg – Halle – Berlin (saisonaler Nachtzug)
	Kurswagen Chur – Berlin, Oberstdorf – Berlin, Innsbruck – Garmisch-Partenkirchen – Berlin
D 125/126	Nürnberg – Gera – Leipzig – Berlin
D 139/140	München – Nürnberg – Halle – Berlin (saisonal)
D 149/150	München – Nürnberg – Halle – Berlin (Nachtzug)
	Kurswagen München – Halle – Magdeburg (– Kiel, tageweise), saisonal Meran – Berlin
D 237/280	Stuttgart – Nürnberg – Gera – Leipzig – Berlin (Nachtzug)
	Kurswagen Friedrichshafen – Berlin, saisonal Lindau – Berlin
D 239/240	München – Nürnberg – Halle – Berlin (saisonal)
	Kurswagen München – Halle – Kiel
D 479/480	Augsburg – Nürnberg – Halle – Berlin (saisonal)
	Kurswagen Oberstdorf – Berlin, Lindau – Berlin, Augsburg – Gera – Leipzig
D 591	Oberstdorf – Augsburg – Halle – Berlin (Nachtzug, saisonal So/Mo)
	Kurswagen Innsbruck – Garmisch-Partenkirchen – Berlin
D 592	Berlin – Halle – Augsburg – Oberstdorf (Nachtzug, saisonal Sa/So)
	Kurswagen Berlin – Garmisch-Partenkirchen – Innsbruck
E 83/84	Coburg – Stockheim – Saalfeld – Weimar
E 169/170	München – Nürnberg – Gera – Leipzig
	Kurswagen München – Saalfeld – Erfurt, München – Jena – Halle
P 847	München – Nürnberg – Gera – Leipzig
P 848	Berlin – Leipzig – Gera – Nürnberg – München (nächtliche Lage)

Schnellste Züge der Relation München – Berlin:

FDt 551/552	Reisezeit nordwärts 6 Stunden 44 Minuten, südwärts 7 Stunden 4 Minuten
	Reisegeschwindigkeit 101,7 bzw. 96,9 km/h (Entfernung über Leipzig 685 km)
	Verkehrshalte in Nürnberg und Leipzig
FD 79/80	Reisezeit nordwärts 7 Stunden 57 Minuten, südwärts 8 Stunden 15 Minuten
	Reisegeschwindigkeit 84,9 bzw. 81,8 km/h (Entfernung über Halle 675 km)
	Verkehrshalte in Augsburg, Nürnberg, Saalfeld und Halle

(ungerade Zugnummern nordwärts, gerade südwärts)

1939: 96 019 im Schiebedienst bei Falkenstein (angehängt VS 145 208). *Foto: C. Bellingrodt/Slg. EJ*

E 94 052 passiert im Juni 1942 mit einem Güterzug nach Nürnberg die Blockstelle Falkenstein. ***Foto: RBD Erfurt/Slg. Dr. Rampp***

E 18 04 und eine 03 mit einem Sonderzug samt Flakwagen, aufgenommen 1940 im Bahnhof Probstzella. ***Foto: Bildarchiv der Eisenbahnstiftung***

RECHTS: E 18 36 mit FD 80 aus Berlin bei Falkenstein. ***Foto: C. Bellingrodt/Slg. Dr. Rampp***
UNTEN: Bahnhof Probstzella im April 1942 mit einer E 94 (links). ***Foto: RVM/Slg. Gerhard***

tatsächlich als Dienst-D-Züge. Am 15. Mai 1942 verfügte die Reichsbahn für den Schnellzugverkehr eine generelle Geschwindigkeitsbeschränkung auf 100 km/h.

Im Winter 1938/39 hatten werktags pro Richtung etwa 15 Güterzüge die Frankenwaldbahn befahren. Während des Krieges wurde sie mit militärischen und sonstigen kriegswichtigen Transporten bis an ihre Leistungsgrenze belastet. Obwohl ein für die Bomber der Alliierten eigentlich „lohnendes" Ziel, blieb sie bis Frühjahr 1945 von schweren Kriegszerstörungen verschont. Dann aber machten Tieffliegerangriffe in mehreren Abschnitten die Fahrleitung unbrauchbar. Nach verheerenden Luftangriffen auf die Bahnanlagen in Pressig-Rothenkirchen (9./10. April 1945) und Kronach (10./11. April 1945) kam der Verkehr auf der Frankenwaldbahn zum Erliegen. Schließlich zerstörten Sprengkommandos der Deutschen Wehrmacht im Abschnitt Stockheim – Förtschendorf alle Brücken. Für die auch geplante Sprengung des Trogenbachviadukts hatte der Ludwigsstädter Bürgermeister, Ludwig Heyder, in letzter Minute Aufschub erwirkt. Die vorrückende US Army vereitelte den Plan endgültig. ❑

MALLET-GIGANTEN

FÜR DIE RAMPEN

Schwere Güterzüge benötigten um 1900 für die Bergfahrt zwei dreiachsige Schiebelokomotiven und waren trotzdem sehr langsam. 1913 wurde deshalb die erste Malletlok der bayerischen Gattung Gt 2x4/4 in Dienst gestellt. Mit nur einer Schublok ging es nun viel zügiger bergan

Rund 30 Jahre lang beherrschten den Güterzugdienst auf der Frankenwaldrampe die der Lokstation Rothenkirchen zugewiesenen bayerischen C IV. Dabei wuchteten bald nach 1885 in der Regel zwei solcher C-Kuppler die Fuhre den Berg hinauf zum Scheitelpunkt Steinbach am Wald, eine als Zug- und eine als Schiebelokomotive. Außerdem schoben C IV generell die Schnellzüge nach. Im Güterverkehr wurden mit den trotz Zugteilung (nordwärts in Rothenkirchen und südwärts in Probstzella) weiter gestiegenen Lasten oft auch Vorspann und eine zweite Schublok nötig.

Ähnlich aufwändig war der Betrieb auf der Spessartrampe Laufach – Heigenbrücken. Dort brachten auch die neueren D-Kuppler der Gattung E I keine grundlegende Besserung. Daher entschloss sich das 1907 gebildete Maschinenkonstruktionsamt der Bayerischen Staatseisenbahnen unter Leitung des Ministerialrats Karl von Biber, wesentlich leistungsstärkere Lokomotiven für den Rampendienst im Spessart und Frankenwald zu beschaffen. Zunächst zog man eine fünffach gekuppelte Tenderlok in Betracht, die aber mit der vorgegebenen Achslast von maximal 16 Tonnen den Anforderungen nicht genügen konnte. Ein als Gt 6/6 ausgeführter Sechskuppler hätte das nötige Reibungsgewicht wohl mit vollen Vorräten erreicht, doch mit Abnahme der Vorräte im angestrengten Dienst allzu sehr unterschritten. Außerdem befürchtete man bei sechs gekuppelten Achsen einen zu hohen Spurkranz- und Schienenverschleiß. (Eine überzeugende 1'F-Bauart glückte dann in Deutschland der Maschinenfabrik Esslingen mit den ab 1917/18 gelieferten Schlepptenderloks der württembergischen Klasse K.)

Anton Hammel, Direktor der Firma J.A. Maffei, schlug die gelenkige Mallet-Bauart vor. Da Hammel bereits als Chefkonstrukteur mit leistungsstarken Mallets für Schweizer Bahnen reüssiert hatte, musste

Bayer. Gt 2x4/4 Nr. 5768 (96 018) in Rothenkirchen. ***Foto (1923): R. Kallmünzer/Slg. EJ***

er Ministerialrat von Biber nicht lange um den Auftrag zur Entwicklung einer solchen Lokomotive ersuchen. Mit Verteilung des Dienstgewichts der Maffei'schen Gt 2 x 4/4 auf acht Kuppelachsen ließ sich bei vollen Vorräten die maximale Achslast auf 15,4 t begrenzen und dennoch ein Reibungsgewicht von 123,2 t erzielen, Letzteres unter Berücksichtigung abnehmender Vorräte mehr als reichlich bemessen. Das in zwei Gruppen aufgeteilte Vierzylinder-Verbundtriebwerk der Bauart Mallet sicherte trotz des großen Gesamtradstands der Tenderlok (12 200 mm) gute Bogenläufigkeit. Die in einem Drehgestell gelagerten vier vorderen Radsätze wurden von den Niederdruckzylindern, die im Hauptrahmen gelagerten vier hinteren Radsätze von den Hochdruckzylindern angetrieben.

Im November 1913 war die erste Lok der Gattung Gt 2 x 4/4 für Probefahrten verfügbar. Diese fanden zunächst im Direktionsbezirk München statt, dann im April 1914 auf der für die Ermittlung der Leistungsfähigkeit wirklich relevanten Frankenwaldrampe. Dabei schob die Mallet-Maschine allein (also ohne ziehende Lok) einen 410 Tonnen schweren Zug in 29 Minuten statt fahrplanmäßig 58 Minuten von Rothenkirchen nach Steinbach am Wald hinauf, mithin auf der zwölf Kilometer langen Südrampe in genau der halben Zeit wie regulär für die Bergfahrt veranschlagt. Ebenfalls auf der Südrampe beförderten zwei Mallets – eine als Zug- und eine als Schiebelok – einen 1000-Tonnen-Zug in 38 Minuten.

Fazit der selbstverständlich auch auf der Nordrampe ab Probstzella durchgeführten Versuche: Zwei Gt 2 x 4/4 konnten schwere Güterzüge viel rascher über die Rampe bringen als vier C IV. Eine allein schaffte ebenfalls in deutlich kürzerer Zeit bis zu 550 Tonnen, mithin 100 Tonnen mehr als günstigenfalls zwei C IV zusammen. Zwar überstiegen derartige Lasten wegen der damals zulässigen Zughakenbeanspruchung das für ziehende Loks ohne Schub erlaubte Wagenzuggewicht, aber selbst doppelt so schwere Züge erforderten künftig nur eine Schiebelok und Zugteilungen erübrigten sich. Die Fachwelt pries die riesigen Mallets als stärkste Güterzuglokomotiven Europas. In der Zeitschrift „Die Lokomotive" hieß es noch 1927, das gelte „noch immer" – was freilich nun nicht mehr stimmte ...

Die Lokstation Rothenkirchen erhielt vom April bis Juli 1914 die Maschinen mit den Bahnnummern 5751 bis 5760 (die späteren 96 001 bis 010), die anderen fünf der ersten Serie kamen für den Einsatz auf der Spessartrampe zur Betriebswerkstätte Aschaffenburg. Auf der Frankenwaldrampe lösten die Mallets sogleich die C IV im Schiebedienst ab. Während des Ersten Weltkriegs wurden einige Exemplare nach Belgien abkommandiert, um Dienst auf der Steilrampe zwischen Lüttich und Ans zu leisten. 1922/23 gingen dem nunmehrigen Bw Rothenkirchen alle zehn Gt 2 x 4/4 (Nr. 5766 bis 5775, später 96 016 bis 025) der zweiten Serie zu, woraufhin einige ältere zum Bw Aschaffenburg

96 020 schiebt bei Lauenstein den D 40 (13. Juni 1935). ***Foto: C. Bellingrodt/Slg. Dr. Hufnagel***

96 008 am Zugschluss eines kurzen Güterzuges, der im Sommer 1925 gleich in Probstzella eintreffen wird. ***Foto: Bildarchiv der Eisenbahnstiftung***

wechselten. Ende 1924 waren neben den zehn Neulingen noch sechs Maschinen der ersten Serie im Frankenwald beheimatet.

Den T 20 Paroli geboten

Die von Maffei nachgelieferten Loks wiesen manche konstruktive Verbesserungen auf, so eine vergrößerte Überhitzerheizfläche und größere Vorratsbehälter hinter dem Führerhaus. Sie brachten mit 127,6 t ein um 4,4 t höheres Dienstgewicht auf die Waage, die maximale Achslast hatte sich von 15,4 auf 16,2 t erhöht. Etwa zeitgleich lieferte Borsig die preußischen T 20 (95er), von denen einige um 1924 dem Bw Probstzella zugeteilt wurden. Die vergleichsweise

Die bayer. Gt 2x4/4 Nr. 5752 (96 002) schiebt im Sommer 1925 unweit der Blockstelle Falkenstein einen Güterzug nach Nürnberg nach. ***Foto: C. Bellingrodt/Slg. EJ***

96 010 rollt im April 1925 über den Trogenbachviadukt. ***Foto: H. Maey/Eisenbahnstiftung***

unkomplizierten 1' E 1'-Boliden mit Zwillingstriebwerk machten den Mallet-Riesen ernsthaft Konkurrenz, denn sie konnten auf den Steilrampen trotz ihrer um rund 30 Tonnen niedrigeren Reibungslast annähernd dasselbe Leistungsprogramm erfüllen. Freilich verteilte sich das Reibungsgewicht auf nur fünf Radsätze, so dass die maximale Achslast 19,5 t betrug. Dafür zugelassen war die Frankenwaldbahn nun wohl auch infolge des Einbaus neuer Fischbauchträger in die Ludwigsstädter Trogenbachbrücke.

Die Grenzlast auf der Nord- wie Südrampe legte man für die T 20 mit 550 Tonnen fest, das waren grade mal 20 Tonnen weniger als für die Gt 2x4/4. Offenbar ließ sich deren wesentlich höheres Reibungsgewicht kaum für die Zugkraft nutzen, auch nicht die Leistung des sehr verdampfungsfreudigen Kessels „auf die Schienen bringen". Das gab Anlass, die Mallets konstruktiv zu überarbeiten und dabei insbesondere der hohen Schleuderneigung zu begegnen. Ursächlich für diese war ein ungünstiges Volumenverhältnis der Hochdruck- zu den Niederdruckzylindern. Zuerst baute Maffei im Jahr 1925 die 96 023 um. Wichtigste Maßnahme war das Anbringen größerer Hochdruckzylinder. Daraufhin übertraf die Lok die Zugkraft der T 20 deutlich. Folglich wurden 1926/27 auch die anderen neun Exemplare der zweiten Lieferserie umgebaut. An den älteren, nach 1929 allesamt nicht mehr auf der Frankenwaldbahn eingesetzten 96 001 bis 015 nahm man in den Jahren 1929 bis 1932 nur vergleichsweise bescheidene Umbauten vor. Jedoch erhielten sie

Hauptkenndaten der Gt 2x4/4 (96 001 bis 025)

Gleiche Merkmale aller Maschinen

Bauart	D'D' h4v
Treib- und Kuppelraddurchmesser	1216 mm
Länge über Puffer	17700 mm
Höchstgeschwindigkeit	50 km/h
Kolbenhub (HD- und ND-Zylinder)	640 mm
Kesselüberdruck	15 kg/cm²
Rostfläche	4,25 m²

Unterschiedliche Merkmale

	1. Serie 1913/14 96 001–015	2. Serie 1922/23 96 016–025	2. Serie nach Umbau 1925–1927	1. Serie nach Umbau 1929–1932
Zylinderdurchmesser (Hochdruck)	2 x 520 mm	2 x 520 mm	2 x 600 mm	2 x 520 mm
Zylinderdurchmesser (Niederdruck)	2 x 800 mm	2 x 800 mm	2 x 800 mm	2 x 800 mm
Volumenverhältnis	1:2,37	1:2,37	1:1,78	1:2,37
Verdampfungsheizfläche	229,61 m²	233,85 m²	200,43 m²	200,43 m²
Überhitzerheizfläche	55,39 m²	57,75 m²	65,37 m²	65,37 m²
Dienstgewicht (volle Vorräte)	123,2 t	127,6 t	131,1 t	123,2 t
maximale Achslast	15,4 t	16,2 t	16,5 t	15,5 t
Kohlenvorrat	4 t	4,5 t	5 t	4,5 t
Wasservorrat	11 m²	12,3 m²	12,3 m²	11 m²

96 021 mit Güterzug nördlich von Steinbach (1935). ***Foto: C. Bellingrodt/Slg. EJ***

96 025 kam 1923 fabrikneu zum Bw Rothenkirchen. *Foto: RVM/ Slg. Gerhard*

ebenso wie die 96 016 bis 025 eine Riggenbach-Gegendruckbremse.

Für die durch Umbau verstärkten 96 016 bis 025 erhöhte man die Grenzlast auf der Frankenwaldrampe zunächst von 570 auf 600 t, dann um 1928 auf 650 t. Zwar konnte der Betrieb wesentlich flüssiger gestaltet werden als zu Zeiten der C IV – gleichwohl krochen die Maschinen mit schweren Zügen heute schier unvorstellbar langsam den Berg hinauf. So brauchte laut Buchfahrplan vom 22. Mai 1937 der von Falkenberg (bei Torgau) nach Nürnberg Rbf verkehrende Dg 6290 – Last 1200 t, Zuglok Baureihe 95, Schublok Baureihe 96 – für die Bergfahrt von Probstzella zum Scheitelpunkt in Steinbach am Wald 58 Minuten, erzielte also eine Durchschnittsgeschwindigkeit von 13,7 km/h!

Nachdem die Mallets der ersten Serie zu den Bw Aschaffenburg, Eger und Brügge (Westfalen) abgewandert waren, beherbergte das Bw Rothenkirchen Ende 1929 nur noch die zehn leistungsfähigeren Maschinen. Hiervon wechselten im Jahr 1935 die 96 017 und 023 für den Einsatz auf der „Schiefen Ebene" zum Bw Neuenmarkt-Wirsberg, weshalb sich der in Rothenkirchen schon vorher beklagte Lokmangel verschärfte. Neben 57^{10} mussten im Schiebedienst 94er (T 16^{1}) aushelfen. Die Lage entspannte sich 1936 mit der Stationierung mehrerer 95er auch im Bahnbetriebswerk am Fuße der Frankenwald-Südrampe.

Länger als erwartet blieb man trotz Aufnahme des elektrischen Betriebs am 15. Mai 1939 auf die Mallets angewiesen. Erst die ab Herbst 1940 eingetroffenen E 94 machten sie entbehrlich. Ende Juli 1941 besaß das Bw Pressig-Rothenkirchen noch die 96 020, 021 und 022. Zuletzt harrte bis Januar 1942 die 96 021 als Reservemaschine aus, dann kam sie wie schon die 96 020 und 022 nach Neuenmarkt-Wirsberg.

Die anderen Exemplare waren zum Bw Aschaffenburg umbeheimatet worden. Dort ging im März 1947 mit Abstellung der 96 011 der Einsatz der Gt 2x4/4 im Bereich der DR (West) zu Ende. Diese musterte am 20. September 1948 die 16 bis dahin noch im Bestand geführten Loks der Baureihe 96 aus. Die im Oktober 1944 zur Halberstadt-Blankenburger Eisenbahn gelangten 96 002 und 024 wurden nach jahrelanger Abstellzeit 1954 von der Deutschen Reichsbahn in der DDR ausgemustert. ❑

EINGLEISIG ÜBER DIE GRENZE

Nach Ende des Zweiten Weltkriegs fuhren zunächst nur Güterzüge über die Zonengrenze, erst ab September 1949 regelmäßig auch Reisezüge. Für den bescheidenen Verkehr genügte ein Gleis. Nur im Rampenabschnitt zwischen Förtschendorf und Ludwigsstadt blieb die Strecke zweigleisig

Der seit 13. April 1945 ruhende Betrieb kam auf Teilstrecken der Frankenwaldbahn mit Dampflokomotiven schon bald wieder in Gang, zuerst zwischen Förtschendorf und Probstzella. Nach notdürftiger Herrichtung schwer beschädigter Bahnanlagen konnte ab Mitte Mai 1945 der Abschnitt Kronach – Pressig-Rothenkirchen wieder befahren werden, nach Freiräumung der Gleise von Trümmern war wenig später durchgehender Zugverkehr von Küps bis Probstzella möglich. Doch als sich die amerikanischen Truppen Anfang Juli vor der nachrückenden Sowjetarmee aus Thüringen zurückgezogen hatten, wurde die Strecke an der Zonengrenze beim Falkenstein gesperrt. Das bisher zur RBD Nürnberg gehörende Teilstück von dort bis zum Einfahrsignal des Bahnhofs Probstzella ging am 1. September 1945 auf die RBD Erfurt über.

Nach behelfsmäßiger Instandsetzung der Rodachbrücke bei Unterlangenstadt und der Hochstädter Mainbrücke konnten ab Oktober auch zwischen Hochstadt-Marktzeuln und Küps erneut Züge fahren. Am 8. November 1945 nahm die RBD Nürnberg den elektrischen Betrieb zunächst bis Ludwigsstadt wieder auf, wobei zwei Personenzugpaare zwischen Nürnberg und Ludwigsstadt mit ET 31 gefahren wurden. Technisch möglich war die E-Traktion bereits bis Falkenstein; ebenfalls wieder funktionsfähig war die Fahrleitung von Probstzella her bis zur Grenze, jedoch stimmte die Sowjetische Militäradministration (SMA) der Durchspeisung vom mitteldeutschen ins süddeutsche Netz nicht zu, insbesondere nicht der „Energieausfuhr“ vom Kraftwerk Muldenstein mit entsprechend erhöhtem Kohlenkontingent.

Weil der Strom für ihren Bereich nicht mehr über das Unterwerk Steinbach am Wald eingespeist werden konnte, behalf sich die RBD Erfurt mit einem fahrbaren Unterwerk in Eichicht (Kaulsdorf). Am 14. Januar 1946 nahm sie den elektrischen Betrieb von Probstzella bis dorthin wieder auf, am 1. Februar bis Saalfeld und am 9. März 1946 durchgehend im Bahnhof Saalfeld zum Anschluss an die bereits vorher erneut elektrisch betriebene Saalebahn. Aber aufgrund Order der sowjetischen Besatzungsmacht (letztlich des SMA-Befehls Nr. 95 vom 29. März 1946), den elektrischen Betrieb in Mitteldeutschland einzustellen und Fahrzeuge sowie Anlagen in die UdSSR zu verbringen, war's mit der Elektrotraktion schon Ende März 1946 wieder vorbei. Demontiert wurde auch das zweite Streckengleis von Saalfeld bis zur Grenze am Falkenstein.

Auf der Frankenwaldbahn verkehrten ab Sommer 1946 zwei Personenzugpaare über Ludwigsstadt hinaus bis und ab Lauenstein. Weil die Lok dort nicht umsetzen konnte, wurden die Züge in einer Richtung geschoben. Ebenso praktizierte man es später bei Fahrten bis und ab Falkenstein, wobei nach Ludwigsstadt zurückgedrückte Züge entweder dort endeten oder nach Umsetzen der Lokomotive weiter Richtung Nürnberg liefen. Umgekehrt rollten in Ludwigsstadt bereitgestellte Garnituren mit der Lok am Zugschluss bis Lauenstein bzw. Falkenstein, von wo aus sie dann „richtig herum“ bis Lichtenfels oder Nürnberg durchliefen.

Am 19. Oktober 1946 wurde der Straßengrenzübergang Falkenstein eröffnet. Um Interzonenreisenden den vier Kilometer langen Fußweg zwischen Lauenstein und Probstzella zu ersparen, richtete man 1947 einen Bustransfer ein. Als einzige Reisezüge passierten damals Sonderzüge zu den

E 91 13 schiebt im September 1960 in Ludwigsstadt einen D-Zug (mit E 18) nach. ***Foto: J. Hagemann***

Leipziger Messen die Grenze. Ab 17. Juni 1947 fuhren Güterzüge zunächst bedarfsweise im Transit durch die US-Zone zwischen Probstzella und Lehesten, dem thüringischen Endpunkt der in Ludwigsstadt abzweigenden Nebenbahn. Sie nahmen auch in den Lehestener Schieferbrüchen beschäftigte Arbeiter mit.

Am 16. September 1947 begann mit drei Kohlezügen von Meuselwitz in die Schweiz der die Zonengrenze überschreitende Ferngüterverkehr. Außerdem vereinbarten die Reichsbahndirektionen Erfurt und Nürnberg einige weitere Güterzüge, darunter einen wöchentlichen Kühlwagenzug mit Fleisch für Berlin (der bisher über Hof fuhr). Ab 5. Oktober 1947 sollte ein Schnellzugpaar eingelegt werden, wozu es jedoch nicht kam. Neben politischen Querelen standen einer Ausweitung des Zugverkehrs betriebliche Schwierigkeiten entgegen: so Engpässe im Bahnhof Probstzella, der eingleisige Betrieb bis Saalfeld und seit 3. Juni 1947 auch im Abschnitt Ludwigsstadt – Falkenstein. Das ehemalige Streckengleis von Probstzella her in Richtung Ludwigsstadt ließ die RBD Nürnberg abbauen. Bis 1949 baute man auch den Abschnitt Förtschendorf – Hochstadt-Marktzeuln auf ein Gleis zurück, teils wurden Schienen und Schwellen für die Wiederherstellung des Nürnberger Rangierbahnhofs verwendet. Nur der Rampenabschnitt von Ludwigsstadt über Steinbach am Wald bis Förtschendorf blieb zweigleisig.

Obendrein hemmte noch bis Juni 1950 die Dampftraktion zwischen Probstzella und Ludwigsstadt den Betriebsablauf. Die Lokomotiven stellte die RBD Erfurt. Meist kämpften sich 95er des Bw Probstzella als Zug- und Schiebelok mit den Güterzügen die Rampe bis Ludwigsstadt bergan.

Ab 24. Juni 1948 riegelten sowjetische Streitkräfte alle Zufahrtswege nach West-Berlin ab, wobei für kurze Zeit der gesamte Eisenbahnverkehr zwischen den Westzonen und der Sowjetzone zum Erliegen kam. Die „Korridorzüge" Probstzella – Lehesten fuhren auch während der Berlin-Blockade. Nach deren Ende am 12. Mai 1949 lebte der Ferngüterverkehr via Probstzella mit planmäßig drei Dg-Paaren wieder auf.

Ab 1949 Interzonen-Reisezüge

Die RBD Nürnberg ließ ab 17. August 1949 zunächst nur montags, mittwochs und samstags einen mit E 18 bespannten Eilzug über Ludwigsstadt hinaus als Sperrfahrt bis zur Grenze am Falkenstein verkehren. Ab 28. August liefen bis dorthin zusätzlich zwei mit ET 31 (nach Umbau ab 1950: ET 32) gefahrene Eilzüge, in der Gegenrichtung begann

E 91 07 mit Güterzug nach Nürnberg auf der Steigung zwischen Ludwigsstadt und Steinbach a. Wald (3. März 1959). *Foto: Dr. Brüning*

nur ein Eiltriebwagenkurs an der Grenze. So erhielten Berlin-Reisende mit knapp zwei Kilometer Fußweg Anschluss zum und vom seit 25. August 1949 dreimal wöchentlich eingesetzten FDt-Paar 79/80 zwischen Probstzella und Berlin Friedrichstraße. Am 3. September 1949 wurde im Offenbacher Abkommen über den Interzonenverkehr das FD-Paar 149/150 München – Probstzella – Leipzig – Berlin Friedrichstraße (und zurück) vereinbart. Als erster Zug fuhr in der Nacht vom 9. auf 10. September der FD 149, ab 2. Oktober 1949 verkehrte das Zugpaar gemäß dem im Kursbuch veröffentlichten Fahrplan allnächtlich. (Das erwähnte FDt-Paar entfiel.) Die DR soll bis/ab Ludwigsstadt Dampfloks der Baureihe 03^{10} eingesetzt haben.

Seit 1. September 1949 gab es offiziell den Haltepunkt Falkenstein Zonengrenze, an dem alte Wagenkästen als „Empfangsge-

Mit einem recht kurzen Güterzug wurde die E 52 20 am 2. März 1959 zwischen Förtschendorf und Pressig-Rothenkirchen im Bild festgehalten. ***Foto: Dr. Brüning***

Der auf der linken Seite abgebildete Güterzug wurde am Zugschluss von einer weiteren E 91 kräftig nachgeschoben. ***Foto: Dr. Brüning***

E 44 154^{W} verlässt mit P 1170 Ludwigsstadt (26. Januar 1955). ***Foto: DB (BD Nürnberg)***

bäude" fungierten. Wenig später liefen fast alle bisher in Lauenstein endenden oder einsetzenden Züge bis/ab Falkenstein, im Jahr 1950 täglich fünf Personenzug- und drei Eilzugpaare, davon zwei als Et 581/582 und Et 583/584 mit den bis 1958 auf der Frankenwaldbahn präsenten ET 32 gefahren. Nach Schließung des Straßenübergangs Falkenstein am 1. Oktober 1951 reduzierte die DB das Angebot drastisch auf ein tägliches sowie zwei dem Ausflugsverkehr dienende Zugpaare sonn- und feiertags (von Letzteren eines südwärts als Eilzug Falkenstein – Nürnberg bis 1958 mit ET 32). Ab Sommer 1962 bedienten zwei bzw. sonn- und feiertags drei Personenzugpaare den Haltepunkt an der Grenze. Zum Fahrplanwechsel am 30. Mai 1965 entfielen die Züge im Abschnitt zwischen Ludwigsstadt und Falkenstein, ebenso die Fahrten vom und zum noch weitaus häufiger bedienten Haltepunkt Lauenstein.

Im Jahr 1949 hatte die Bundesbahn der Reichsbahn das Material für die erneute Elektrifizierung des Streckenabschnitts von der Grenze bis Probstzella übergeben. Am 10. Januar 1950 wurde die Fahrleitung unter Spannung gesetzt, die Energiezufuhr erfolgte über die von Zapfendorf her zum Unterwerk Steinbach am Wald führende Bahnstromleitung. Erst nach weiteren Besprechungen zwischen DB und DR begann am 12. Juni 1950 der elektrische Betrieb bis Probstzella. Trotzdem musste das Bw Pressig-Rothenkirchen kurz zuvor die zwei ihm noch zugeteilten Exemplare der bis 1945/46 hier zahlreich vertretenen Baureihe E 94 abgeben. Von April bis Juni 1950 erhielt es für den Güterzug- und Schiebedienst auf der Frankenwaldrampe vier ältere Stangen-Elloks der Baureihe E 91.

Am 12. Juli 1951 stellte die DR den Güterverkehr Probstzella – Ludwigsstadt – Lehesten ein. Aber damit wurde die Strecke über die Grenze am Falkenstein nicht endgültig dampffrei. Neben E 44 und E 91 schoben 57^{10} der DB noch Anfang der 1960er Jahre Schnellzüge und Güterzüge von Probstzella ebenso wie von Pressig her die Rampe nach Steinbach am Wald hinauf. Die für Elloks und Dampfloks aufgestellten Mischpläne des Bw Pressig-Rothenkirchen enthielten auch Einsätze an der Spitze von Güterzügen. Im Jahr 1962 verließ die letzte 57^{10} den Frankenwald. Noch bis September 1964 dampften 98^{11} (bayer. GtL 4/4 Umbau) mit Übergabezügen bis Ludwigsstadt und bedienten die Werksanschlüsse auf dem Reststück der Strecke nach Lehesten, dann übernahmen V 60 diese Leistungen.

Im Herbst 1953 trafen drei und ab 1956/57 weitere Stangen-Elloks der Baureihe E 52 im Bw Pressig-Rothenkirchen ein. Bis 1966 teilten sie sich auf der Frankenwaldbahn den Personenzugdienst mit E 44, ehe sie vollends von Nürnberger E 44 abgelöst wurden. Den Schnellzugdienst beherrschten bis hinein in die 1960er Jahre unangefochten die E 18 und E 19, dann kamen auch E 10^{1} vor D-Zügen zum Einsatz.

Zugangebot ausgeweitet

Die steigenden Fahrgastzahlen im Interzonenverkehr veranlassten DB und DR, ab Winterfahrplan 1953/54 „auf besondere Anordnung" das Tageszugpaar D 1049/1050 in der Relation München – Probstzella – Saalfeld – Erfurt einzulegen. Ebenso wie das Nachtzugpaar D 149/150 (seit 1950 nicht

E 52 23 wendet mit Personenzug im Hp Falkenstein (1962). ***Foto: J. Escherich/Slg. Treuner***

Am 3. März 1959 überquert die E 52 13 mit dem P 1131 aus Nürnberg den Trogenbachviadukt in Ludwigsstadt. ***Foto: Dr. Brüning***

98 1105 rangiert in Ludwigsstadt, vorne ist E 52 13 abgestellt (1.9.1964). ***Foto: R. Hahmann***

mehr FD) der Relation München – Berlin Zoo – Berlin Ostbahnhof führte es Kurswagen von und nach Stuttgart. Ab 22. Mai 1955 verkehrten D 1049/1050 im Sommer täglich, in den Winterperioden saisonal zwischen München und Leipzig. Da sich die letztgenannten Züge um die Mittagszeit mit jeweils halbstündigem Kontrollaufenthalt in Ludwigsstadt trafen, übernahm dort die mit dem D 1049 eingetroffene E 18 zwecks rationeller Laufplangestaltung den Gegenzug D 1050. Im Abschnitt Ludwigsstadt – Probstzella beförderten E 44 das Zugpaar.

Zum Sommerfahrplan 1956 wurde mit D 151/152 auch in der Relation Stuttgart – Berlin Ostbahnhof (ebenfalls via die Berliner Stadtbahn mit Halt in Zoologischer Garten und Friedrichstraße) ein eigenständiges Nachtschnellzugpaar eingeführt. Im Folgejahr lebte als D 1149/1150 die saisonale Tagesverbindung München – Saalfeld – Erfurt wieder auf. Übrigens erreichte das Fahrgastaufkommen im Interzonenverkehr über Probstzella 1957 mit rund 1,1 Millionen einen Höhepunkt, ebbte jedoch infolge des am 11. Dezember 1957 in Kraft getretenen DDR-Passgesetzes (das Ausreisegenehmigungen erschwerte) rasch ab.

Ab Sommerfahrplan 1959 nahm der bislang über Regensburg – Hof geleitete „Saßnitz-Expreß“ München – Berlin – Saßnitz(– Malmö) und zurück als nächtlicher D 129/130 den Weg durch den Frankenwald, womit er D 149/150 ersetzte. Die Nachtzüge D 151/152 zwischen Stuttgart und Berlin wandelte man zum Tageszugpaar in der Relation München – Berlin um. Beide Zugpaare führten Kurswagen der

E 19 12 erklimmt am 2. September 1964 mit dem P 1160 Falkenstein–Lichtenfels(–Nürnberg) die Steigung nach Steinbach a. Wald. ***Foto: R. Hahmann***

Relation Stuttgart – Berlin. Die Nachtzüge D 1029/1030 verbanden während der sommerlichen Hauptreisezeit und die Tageszüge D 1051/1052 im gesamten Sommerabschnitt Augsburg mit Leipzig. Ab Sommer 1960 erhielten die D 1051/1052 den Laufweg Stuttgart – Leipzig.

Der von Gustav Röhr herausgegebenen „Bespannungsübersicht aller Schnell- und Eilzüge der DB" im Sommerfahrplan 1961 ist zu entnehmen, dass auf der Frankenwaldbahn E 19 den „Saßnitz-Expreß" D 129/130 und E 18 die D 151/152, D 1029/1030 sowie D 1051/1052 führten. Um Leerfahrten oder lange Wendezeiten der Schnellzugloks in Probstzella zu vermeiden, liefen die E 18 bzw. E 19 generell nur bis Ludwigsstadt, wo sie jeweils den dort wenig später abfahrenden Gegenzug übernahmen. Den D 129 brachte eine E 44 bis Probstzella, alle anderen D-Züge wurden bis bzw. ab Probstzella von E 91 gezogen! Später wendeten die Schnellzuglokomotiven teils wieder im DR-Grenzbahnhof. Wenn es sich von den Zeitlagen her anbot, spannte man in Ludwigsstadt um.

Infolge der verschärften Grenzsicherung ab 13. August 1961 und damit vom SED-Regime verhängten drastischen Reisebeschränkungen entfielen im Herbst 1961 bei den von und nach Berlin fahrenden Zügen die Verkehrshalte in Saalfeld, Jena und Leipzig. Jedoch konnte man in Probstzella, selbstverständlich streng kontrolliert, weiterhin umsteigen. Nachdem die Züge der Relation Saalfeld – Lauscha – Sonneberg über die 1962 gebaute Verbindungskurve am Grenzbahnhof vorbeifuhren, richtete die Reichsbahn zwischen Saalfeld und dem Grenzbahnhof nur für den Verkehr DDR–BRD bestimmte Anschlusszüge ein.

Angesichts gesunkener Nachfrage wurden die D 1029/1030 und 1051/1052 zum Sommerfahrplan 1962 gestrichen. Ab 2. November 1964 durften DDR-Bürger im

98 1105 dampft am 1. September 1964 bei Förtschendorf nach Ludwigsstadt. ***Foto: R. Hahmann***

110 172 schiebt im Juli 1976 auf der Nordrampe einen Güterzug mit 194 542 an der Spitze nach.
LINKS: 194 542 hat im Juli 1976 in Probstzella einen Güterzug aus der DDR übernommen und wird in Kürze Steinbach a. Wald erreichen. *Fotos: K. Koschinski (2)*
UNTEN: E 91 13 und E 91 07 (am Zugschluss) befördern im September 1960 bei Lauenstein einen D-Zug von Ludwigsstadt nach Probstzella. *Foto: J. Hagemann*

Grenzlasten auf der Frankenwaldrampe

für die Bergfahrt mit einer Lok ohne Schub von Pressig-Rothenkirchen und Probstzella zum Scheitelpunkt Steinbach am Wald

Lasten bei 80 % Rollenachslageranteil des Wagenzugs (2. Zeile) und 100 % Rollenachslageranteil (3. Zeile)

Baureihe	**001**	**044**	**050**	**103**	**110.0**	**110.1**	**118**	**119**	**140**	**141**	**144**	**150**	**151**	**194**	**220**	**260**
	300 t	560 t	440 t	520 t	430 t	475 t	325 t	375 t	560 t	400 t	385 t	840 t	–	820 t	500 t	270 t
	310 t	570 t	450 t	520 t	430 t	475 t	325 t	375 t	575 t	400 t	400 t	850 t	870 t	830 t	510 t	270 t

Zughakengrenzlast bei Vorspann: 1060 t bei 100 % Rollenachslageranteil (1020 t bei 80 % Rollenachslageranteil)
Angaben gemäß DB-Grenzlasttafel, gültig ab 1.7.1974 (Baureihe 151: aktuelle Angabe der DB Netz AG)

Rentenalter ihre Verwandten in der BRD besuchen, woraufhin das Fahrgastaufkommen sprunghaft anstieg. Mit dem ab 6. November 1964 für kurze Zeit eingelegten D 2052/2051 Weimar – Erfurt – Arnstadt – Saalfeld – Nürnberg (und zurück) befuhren wohl erstmals DR-Doppelstockgarnituren die Frankenwaldbahn!

Von 1965 bis 1968/69 bereicherte im Ferien- und Festtagsverkehr das Nachtzugpaar D 2029/2030 zwischen Stuttgart und Berlin das Angebot. Erneut etablieren konnten sich die saisonalen D 1051/1052 Nürnberg – Leipzig und zurück. Nachdem der durch die Besuchsregelung für DDR-Rentner ausgelöste Boom abgeflaut war, pegelten sich die Fahrgastzahlen bei jährlich etwa 500000 bis 600000 Reisenden via Probstzella ein. Entsprechend konstant blieb das Angebot mit zwei täglichen D-Zug-Paaren zwischen München und Berlin sowie einem im Sommer täglichen, im Winter saisonalen Zugpaar zwischen Nürnberg und Leipzig (alle Züge mit Kurswagen von bzw. nach Stuttgart). Neu hinzu kam 1969 ein Schlaf- und Liegewagenzug München Ost – Berlin Friedrichstraße mit Autobeförderung zwischen München Ost und Berlin-Wannsee; das Zugpaar verkehrte zunächst nur einmal wöchentlich im Sommer, ab dem Fahrplanjahr 1970/71 bis zu dreimal wöchentlich im Sommer und zweimal pro Woche in der Wintersaison.

Auch „kleiner Grenzverkehr“

Nur verhalten stiegen die Fahrgastzahlen infolge des 1972 geschlossenen deutsch-deutschen Verkehrsvertrags und des im gleichen Jahr in Kraft getretenen Transitabkommens, aufgrund dessen im Berlin-Transit die Grenzaufenthalte verkürzt wurden und Gepäckkontrollen entfielen. Völlig neue Reisemöglichkeiten eröffnete der „kleine Grenzverkehr“. Ab 5. Juli 1973 fuhren morgens der E 2002 von Ludwigsstadt nach Saalfeld und abends der E 2007 von Saalfeld nach Lichtenfels. Zunächst verkehrten die aus einem oder zwei n-Wagen („Silberlingen“) der DB gebildeten Eilzüge täglich, ab Herbst 1973 mittwochs, sonnabends und sonntags, ab Winterfahrplan 1976/77 nur noch an Wochenenden sowie einigen zusätzlichen Tagen um Weihnachten und Ostern. Vor dem E 2002 kamen bis Mai 1977 Elloks der Baureihe 118 zum Einsatz, ansonsten wurden die Züge bis Mai 1981 von 140ern oder 144ern, danach stets von 141ern über die Grenze befördert. Die DR setzte im Abschnitt Probstzella – Saal-

118 041 mit D 302 München – Berlin und Schiebelok 144 116 im Mai 1977 auf Bergfahrt zwischen Förtschendorf und Steinbach a. Wald. ***Foto: M. Knappe***

An der Fischbachsmühle: 118 028 brachte am 19. Februar 1977 den D 302 nach Probstzella, 110 002 den D 402. Anschließend ging es Lz nach Ludwigsstadt bzw. Bamberg.

Im Februar 1977 fanden auf der Frankenwaldbahn Messfahrten statt. Als Zuglok diente die 103 002, die soeben den Bahnhof Förtschendorf verlassen hat. ***Fotos: A. Ritz (2)***

Vorserienlok 110 005 mit D 402 (Nürnberg–Leipzig) am 23. Juli 1976 in Steinbach a. Wald. ***Foto: W. Bügel/Bildarchiv der Eisenbahnstiftung***

feld bis 1980 in der Regel Dampflokomotiven der Baureihe 95 ein, danach Dieselloks der Baureihen 110 oder 119.

Den Laufweg des seit 1968 zwischen München und Berlin tagsüber verkehrenden „Saßnitz-Expreß" verlagerte man zum Winterfahrplan 1972/73 auf die Route via Regensburg – Hof, die Tagesverbindung über Probstzella blieb namenlos erhalten. Das Nachtschnellzugpaar München – Berlin verkehrte ab 3. Juni 1973 als D 300/301. Abgesehen vom Autoreisezugpaar München – Berlin erhielten 1973 auch die anderen Schnellzüge via Probstzella – nachdem zwei Fahrplanjahre bei DB und DR unterschiedliche Zugnummern galten – ihre langjährig beibehaltenen einheitlichen Nummern: D 302/303 (München – Berlin) und D 402/403 (Nürnberg – Leipzig, fortan ganzjährig täglich). In den Fahrplanjahren 1977/78 bis 1980/81 führten D 300/301 einen Kurswagen Rom – Berlin und zurück.

Zum Sommerfahrplan 1979 wurde das Autoreisezugpaar München – Berlin als D 1306/1307 mit dem bisher nur sporadisch verkehrenden, nun ebenfalls Autotransportwagen führenden „Spree-Alpen-Express" Villach/Innsbruck – Berlin vereinigt. Erst 1988 wurde im Berlin-Verkehr via Probstzella als zweite Tagesverbindung das Zugpaar D 306/307 München – Berlin eingeführt. Im D 306 liefen ab Nürnberg Kurswagen von Zürich und Oberstdorf, die in der Gegenrichtung bis Augsburg im D 303 eingereiht waren. Im Verkehr BRD – DDR gab es im Sommer 1989, nachdem die kurzlebigen D 1402/1403 Nürnberg – Erfurt entfallen waren, wieder nur ein Schnellzugpaar: D 402/403 Nürnberg – Leipzig und zu-

151 105 mit D 302 bei Pressig-Rothenkirchen (April 1982). ***Foto: B. Schmitt***

119 002 hat im Juli 1976 in Probstzella den D 303 aus Berlin übernommen und erklimmt mit 194 542 am Zugschluss die Steigung nach Steinbach a. Wald. ***Foto: K. Koschinski***

rück. Ausgenommen die ohne Verkehrshalt zwischen München und Berlin fahrenden Autoreisezüge hielten die Schnellzüge in Kronach und (obwohl seit dem Ende des Einsatzes der 118/119 im Jahr 1977 regulär nicht mehr nachgeschoben) auch in Pressig-Rothenkirchen.

Ziemlich konstant blieb jahrzehntelang die Anzahl der Durchgangsgüterzüge, planmäßig befuhren pro Richtung drei bis fünf Dg-Züge die Frankenwaldbahn im Verkehr mit der DDR. Im Nah- und Bezirksgüterverkehr kam es in den 1970 Jahren zur Konzentration auf die Knotenpunktbahnhöfe Pressig-Rothenkirchen und Kronach (bald aber Pressig-Rothenkirchen angegliedert), denen mit Übergabefahrten bediente Bahnhöfe angeschlossen waren. Das größte örtliche Güteraufkommen wies der Bahnhof Kronach auf. Die Übergabezüge aus Ludwigsstadt beförderten hauptsächlich den im Bahnhof Ludwigsstadt verladenen Schotter vom Hartsteinwerk Ottendorf. Die Stückgutabfertigung im Einzugsbereich der Frankenwaldbahn beschränkte die DB 1970 auf die Bahnhöfe Lichtenfels, Kronach, Steinbach am Wald und Ludwigsstadt, alle anderen Orte wurden mit Lkw bedient.

Altbau-Elloks lange präsent

Den Güterzug- und Schiebedienst zwischen Pressig-Rothenkirchen und Probstzella erledigten von 1950 bis 1967 vorwiegend die E 91. Eine bis drei von 1954 bis 1960 häufig wechselnd in Pressig stationierten E 94 liefen in E 91-Plänen mit. In den 1960er Jahren übernahmen auch E 40 Güterzug-leistungen im Frankenwald. 1967 lösten Aschaffenburger E 94 die E 91 ab. Anfang 1975 kamen die vom Bw Aschaffenburg bisher auf der Spessartrampe eingesetzten 194 541 und 542 sowie 194 570 und 571 mit Hochspannungssteuerung zum Bw Nürnberg Rbf. Der eigens für sie aufgestellte Umlaufplan enthielt fast nur Leistungen zwischen Bamberg bzw. Lichtenfels und Probstzella, zuletzt verrichtete bis Juli 1985 die 194 541 Dienst auf der Frankenwaldrampe. Ansonsten erreichten 194er noch bis Mai 1987 planmäßig Probstzella. Abgelöst wurden sie von Loks der Baureihe 151, wobei auch diese schwere Güterzüge nachschoben.

Bereits erwähnt ist der bis 1966 währende Einsatz der E 52 im Personenzugdienst, den danach fast nur E 44 (144) bestritten. Mit Schnellzügen befuhren ab 1962 neben E 18 und E 19 planmäßig E 10^1 die Frankenwaldbahn. Die vier E 19 bzw. 119 wechselten 1968 vom Bw Nürnberg Hbf zum Bw Hagen-Eckesey. Aber bereits 1970 kehrten die „Edelhirsche" nach Nürnberg zurück und übernahmen erneut D-Zug-Leistungen auf der Strecke nach Probstzella. Der Einsatz der zuletzt noch betriebsfähigen 119 001 und 002 endete dort im Mai 1977, ebenso jener der mittlerweile in Würzburg konzentrierten 118er und der Nürnberger 110.0. Letztere hatten ab Juni 1973 planmäßig den D 303, schließlich die noch verfügbaren 110 002, 004 und 005 im Fahrplanjahr 1976/77 den D 402 zu befördern.

Zum Sommerfahrplan 1977 ging die Traktion der D 300/301 von der Baureihe 110.1 auf die Baureihe 151 über. Kurz

Falkenstein: Mit einem Güterzug aus Probstzella in der DDR hat die 151 033 am 21. September 1983 bayerisches Territorium erreicht.

194 132 passiert am 5. Mai 1975 mit einem Güterzug nach Nürnberg die DDR-Grenze. ***Fotos: P. Schiffer/Bildarchiv der Eisenbahnstiftung (2)***

Die 144 040 (Bw Würzburg) holt am 24. April 1981 an der Verladeanlage in Ludwigsstadt beladene Schotterwagen ab. ***Foto: Th. Splittgerber***

danach übernahmen die 151er auch die D 302/303, für die bis Mai die 118 (D 302) und 119 (D 303), dann kurzzeitig 103er zuständig waren. Mit dem Einsatz der 151er erübrigte sich bei schweren Schnellzügen das Nachschieben. Im Mai 1983 übernahmen 151er auch das bisher mit Loks der Baureihe 140 gefahrene Zugpaar D 402/403. Die nächtlichen D 300/301 bespannten ab Sommerfahrplan 1985 allerdings 111er in Doppeltraktion.

Im bis Ende der 1970er Jahre von Loks der Baureihe 144 dominierten Nahverkehrszugdienst mischten 140er mit, umlaufbedingt außerdem 118er und 119er. Sukzessive lösten Maschinen der Baureihe 141 die 144er ab, deren planmäßiger Einsatz im Frankenwald am 24. September 1983 endete. Die „Mädchen für alles" hatten bis zuletzt auch Güterzüge bespannt, so noch 1982/83 den Üg 68407 Ludwigsstadt – Pressig-Rothenkirchen.

Prädestiniert war und ist die Frankenwaldbahn mit ihren Steilrampen als „Teststrecke". Nur an einige Versuche zur Bundesbahnzeit sei erinnert: Messfahrten absolvierten im September 1967 die Zweisystemlok E 310 001 (spätere 181 001), im Juli 1970 die schwedische 1049 der SJ-Reihe Rc 2, im Dezember 1977 die 1042.653 der ÖBB und in den 1980er Jahren öfters die 120.0. Nicht testweise, sondern wegen des aufgrund umfangreicher Fahrleitungsarbeiten eingestellten elektrischen Betriebs pendelten zwischen Ludwigsstadt und Probstzella vom 29. September bis 30. November 1968 südwärts auch als Schiebelok fungierende V 200. Dafür hatte die DB die noch als V 200 034 fahrende 220 034 sowie die 220 039 und 220 041 nach Ludwigsstadt beordert. ❑

Förtschendorf: 141 376 schiebt am 29. Juni 1989 einen Güterzug nach Probstzella nach. Der InterCityExperimental war zu Messfahrten im Frankenwald zu Gast. ***Foto: B. Schmitt***

BETRIEBSWERKE
AM FUSS DER STEILRAMPEN

Zur Länderbahnzeit war die Lokstation in Rothenkirchen für den Einsatz der Vorspann- und Schiebelokomotiven zuständig, die in Probstzella wendeten. Erst nach 1920 kam es zu einer Aufgabenteilung zwischen den beiden Dienststellen

Gleichzeitig mit dem Bau der Strecke von Stockheim über Ludwigsstadt nach Eichicht (heute Kaulsdorf) entstanden zwei Lokomotivstationen: Rothenkirchen am Fuß der Frankenwald-Südrampe und Probstzella am Fuß der Nordrampe. Da die Betriebsführung bis Probstzella den Bayerischen Staatseisenbahnen oblag, wurden auf der Frankenwaldbahn zunächst nur deren Maschinen eingesetzt. Zur Reichsbahnzeit erlangte das nunmehrige Bw Probstzella mit originär preußischen Loks ebenfalls große Bedeutung für den Güterzug- und Schiebedienst auf der Frankenwaldbahn. Die verlor es vollends infolge der Zonengrenzziehung im Jahr 1945, doch die wichtigere Rolle spielte schon während des Zweiten Weltkriegs wieder das zahlreicher mit E 94 bedachte Bw Pressig-Rothenkirchen. Die DB wies dem Bahnbetriebswerk im Zonenrandgebiet Stangen-Elloks zu, die noch bis 1966/67 den Rampendienst beherrschten – der 1885 mit damals zwar modernen, aber bald überforderten Dampflokomotiven begonnen hatte.

Bw Pressig-Rothenkirchen

Obwohl aus topografischen Gründen auf Pressiger Gebiet errichtet, bekamen der Bahnhof und die Lokstation am Fuß der Frankenwald-Südrampe den Namen des benachbarten, ursprünglich bedeutenderen Marktfleckens Rothenkirchen. Die baulichen Anlagen der Lokstation waren anfangs sehr bescheiden. So genügte ein Rechteckschuppen mit zwei durchgehenden Gleisen, die in eine Drehscheibe mündeten. Die in Rothenkirchen stationierten Güterzuglokomotiven der bayerischen Gattung C IV gehörten buchmäßig zur Betriebswerkstätte Lichtenfels, die auch die auf der Frankenwaldbahn im Personenzugdienst eingesetzten Maschinen der Gattungen B V, B VI und B IX sowie die Lokalbahnloks für die Zweigstrecken beheimatete.

Im Zeitraum 1900 bis 1910 entstand westseitig des südlichen Bahnhofsbereichs eine wesentlich großzügiger ausgestattete Lokstation mit zwölfständigem Ringschuppen und 20-Meter-Drehscheibe. Zehn im Jahr 1914 zugewiesene „Mallet-Giganten" der Gattung Gt 2 x 4/4 ersetzten die C IV im Schiebedienst, völlig entbehrlich wurden die C-Kuppler aber erst Mitte der 1920er Jahre. Im Zuge der Neuorganisation des Maschinendienstes durch die 1920 gebildete Reichsbahn stufte man die Lokstation zum Bahnbetriebswerk hoch. Damit erhielt es die auf den Strecken Neuses – Weißenbrunn, Kronach – Nordhalben, Rothenkirchen – Tettau und Ludwigsstadt – Lehesten eingesetzten Lokalbahnlokomotiven.

1922/23 bekam das Bw Rothenkirchen alle zehn Gt 2 x 4/4 der zweiten Bauserie (96 016 bis 025), daraufhin gab es vier ältere Mallets

Ein Dreikuppler der bayerischen Gattung C IV auf der Drehscheibe der Lokomotivstation in Rothenkirchen. ***Foto: Slg. Kobschätzky***

Die E 91 97 fährt am 2. März 1959 in den Lokschuppen des Bw Pressig-Rothenkirchen. Die E 91-Stationierung endete im Mai 1967. ***Foto: Dr. Brüning***

ab. Nur kurz währte die damalige und auch spätere Stationierung einiger preußischer T 16^{1} (94^{5}). Für längere Zeit konnten sich G 10 im Frankenwald etablieren, im Mai 1928 umfasste der Rothenkirchener Bestand 16 Maschinen der Baureihe 57^{10}.

Im Frühjahr 1926 traten beim Bw Rothenkirchen die 44 001 bis 003 ihren Dienst an, 1928 gesellten sich die vom Bw Weißenfels umbeheimateten 44 004 bis 007 hinzu. Ebenfalls von dort kam im Februar 1928 die 43 008, die schon Anfang August 1929 wieder nach Weißenfels abgegeben wurde. Mag sein, dass bis 1931 einige andere 43er in Rothenkirchen beheimatet waren. Anders als oft kolportiert, waren jedoch laut der Betriebsbücher die 43 001 bis 003 nie dort heimisch! Die 44 001 bis 007 wechselten 1936 zum Bw Würzburg.

Bereits seit 1929 verfügte das Frankenwald-Bw nur noch über die zehn Gt 2 x 4/4 der zweiten Serie, nach Abgabe der 96 017 und 023 im Jahr 1935 besaß es lediglich acht. Auch als Ersatz für die 44er erhielt es 1936/37 die 95 004, 008, 011, 026, 031 und 035. (Die T 20 konnten auf den Steilrampen die gleichen Lasten schleppen wie die 44er.) Die Aufnahme des elektrischen Betriebs von Nürnberg bis Saalfeld am 15. Mai 1939 bedeutete für den Dampflok-Einsatz noch nicht das Ende. Erst 1940 begann man, die 95er und 96er aus dem seit 1939 Pressig-Rothenkirchen heißenden Bahnbetriebswerk abzuziehen. Die zuletzt als Reserve verbliebene 96 021 kam im Januar 1942 zum Bw Neuenmarkt-Wirsberg, im Juni 1942 kehrte die 96 018 aus Aschaffenburg für kurze Zeit in den Frankenwald zurück. Eine oder drei Loks der Baureihe 95 (die Angaben in der Literatur differieren stark) sollen bis 1945 in Pressig-Rothenkirchen geblieben sein. Die 95 026 war im Winter 1946/47 nochmals dort stationiert.

Im Oktober/November 1940 wurden mit den E 94 013, 015 und 016 erstmals Elloks in Pressig-Rothenkirchen beheimatet, im Januar 1941 folgten die zuvor von der Versuchsanstalt München-Freimann auch auf der Frankenwaldbahn erprobte E 94 012 sowie die E 94 014. Die Erstlinge blieben nicht lange, aber nach dauerhafter Zuteilung weiterer Maschinen ergab sich ab Frühjahr 1943 ein Bestand von elf E 94.

Zur werkstattmäßigen Betreuung erhielt das Bw Pressig-Rothenkirchen die 1944/45 auf der Anschlussbahn zu den Lehestener Schieferbrüchen eingesetzten Zahnradlokomotiven 97 214, 216 und 218. Für den aufgrund der dortigen Rüstungsproduktion starken Güterverkehr auf der Strecke Ludwigsstadt – Lehesten bekam es im November 1944 die 86 130. (Siehe hierzu das Kapitel über die Nebenbahnen.)

Bombenangriffe zerstörten am Abend des 9. April 1945 den vor 1940 auf 20 Stände erweiterten Ringlokschuppen mit 23-Meter-Drehscheibe. Er wurde nur teilweise wieder aufgebaut. Kriegsbedingt und in den Wirren der Nachkriegszeit verschlug es viele sehr unterschiedliche Lokomotiven in den Frankenwald, wovon aber die meisten nicht betriebsfähig waren. Bis hinein in die 1950er Jahre wurden abgestellte Kriegsloks vor allem der Baureihe 42, außerdem etliche der Baureihe 52 buchmäßig im Bestand geführt.

Im Jahr 1946 erhielt das Bw Pressig-Rothenkirchen erstmals einsatzfähige E 44, in der Folgezeit besaß es meist drei oder vier oft wechselnde E 44. Die zahlreichen in den Kriegsjahren zugewiesenen E 94 wurden bis 1946 abgegeben, zwei 1947/48 zugeteilte E 94 im Frühjahr 1950. Danach waren von 1954 bis 1960 im häufigen Wechsel meist eine, kurzzeitig zwei oder drei E 94 in Pressig-Rothenkirchen stationiert. Im April 1950 kam als erste Stangen-Ellok die E 91 02 in den Bestand, noch 1950 folgten die E 91 11,

13 und 97. Mit den E 52 16, 20 und 23 begann im Herbst 1953 die Beheimatung von Stangen-Elloks hauptsächlich für den Personenzugdienst, ab 1956/57 gesellten sich weitere E 52 hinzu.

Für den Nebenbahndienst besaß das Bw Pressig-Rothenkirchen bis Mitte der 1950er Jahre vor allem Dampflokomotiven der Baureihe 98^{8} (bayerische GtL 4/4), dann überwiegend die durch Einbau einer vorderen Laufachse aus 98^{8} entstandenen 98^{11}. Für Güterzug- und Schiebeleistungen auf der Frankenwaldbahn wurden zunächst noch bis zu vier, ab Juni 1956 zwei 57^{10} vorgehalten, die man in Dampf-/Ellok-Mischplänen einsetzte. Ab 1955 zugeteilte Kleinloks der Leistungsgruppe II versahen unter anderem Dienst auf der vier Kilometer langen Strecke Stockheim – Burggrub, wobei sie hier auch die zwei bis 1972 verkehrenden Personenzugpaare beförderten.

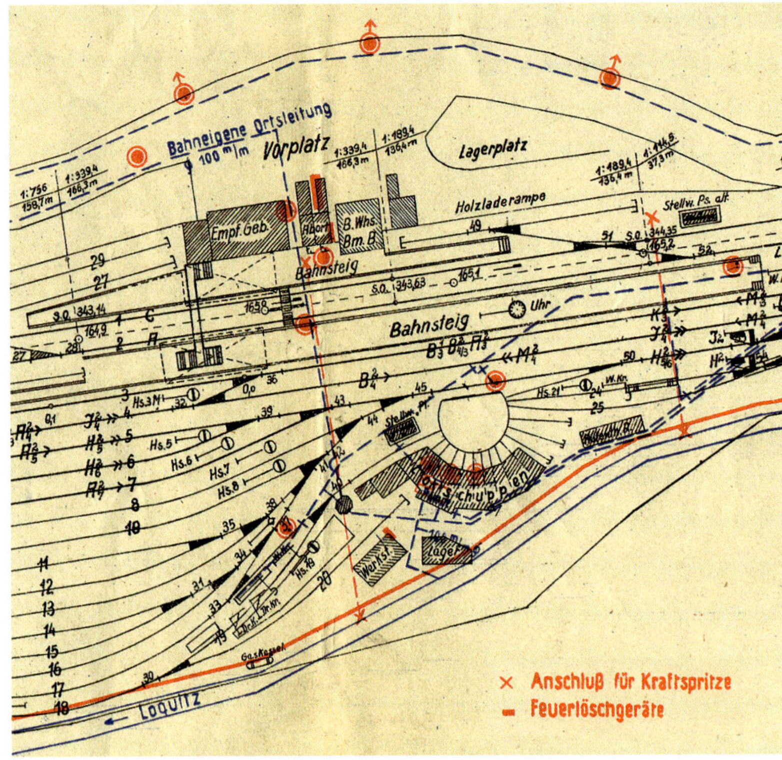

Probstzella 1940 (Feuerlöschwasser-Versorgungsplan). ***Zeichnung: RBD Erfurt/Archiv Barteld***

Lokomotivbestand am 31. Dezember 1958:
57 1489, 1814
98 875, 897 (und sechs z-gestellte 98^{8})
98 1106, 1109, 1110
E 44 083, 116, 138
E 52 08, 13, 16, 20, 23, 27
E 91 01, 02, 07, 11, 13, 97
E 94 182
Kö 4240, 4265, 4350
Ks 4820

Die Speicherlok (Ks) zog man 1960 ab. Im Frühjahr 1960 erhielt Pressig-Rothenkirchen die fabrikneuen Köf 6742 und 6753, die bis zur Auflösung des Bahnbetriebswerks hier beheimatet blieben. Die 98 875 und 897 wurden im April/Mai 1962 z-gestellt. Die 57 1814 schied im September 1962 aus dem Dienst, die 57 1489 wechselte im Folgemonat zum Bw Bayreuth, womit der Einsatz der Baureihe 57^{10} endete. Doch kamen im September/Oktober 1962 die bisherigen Bamberger 86 291 und 347 in den Bestand, im Juni 1963 für kurze Zeit auch die 86 215. Ein Gastspiel gab im Sommer und Frühherbst 1963 die 64 245 aus Coburg.

Der Bestand an Loks der Baureihe 98^{11} erhöhte sich zwischenzeitlich auf sechs Maschinen (per 1. Januar 1964: 98 1105, 1111, 1112, 1117, 1118, 1123). Nach Abgabe der 86 291 und 347 sowie z-Stellung von vier 98^{11} verfügte das Frankenwald-Bw Ende August 1964 noch über drei aktive Dampflokomotiven: die 98 1105 und 1118 sowie die kurz vorher zugewiesene 86 161. Letztere blieb nur knapp drei Wochen. Mit z-Stellung der 98 1118 am 17. Oktober und der 98 1105 am 14. November 1964 wurde das Bw Pressig-Rothenkirchen „dampffrei".

Ende 1964 wanderten die zuletzt fünf E 44 ab. Im August/September 1966 verließen die bis dahin acht E 52 (neben den Ende 1958 vorhandenen Loks die später zugewiesenen E 52 19 und 26) den Frankenwald. Im Mai 1967 zog die DB auch die fünf letzten E 91 (E 91 01, 02, 09, 11, 13) ab. Per 1. September 1968 wurde das Bw Pressig-Rothenkirchen zur Außenstelle des Bw Bamberg degradiert, die zuletzt sieben Kleinloks ordnete man dem Bw Lichtenfels zu. Der Lokschuppen diente noch jahrelang als Lagerhaus für eine Korbflechterei. Im Winter 1980/81 teilweise eingestürzt, wurde er 1982 abgebrochen.

Bw Probstzella

Als Außenstelle der Betriebswerkstätte Saalfeld betreute die Lokstation Probstzella die preußischen Maschinen für die Strecke Richtung Saalfeld. Sicher wurden die auf der Frankenwaldbahn eingesetzten bayerischen Lokomotiven hier behandelt, zur etwaigen Beheimatung in einer „bayerischen Abteilung" liegen widersprüchliche Angaben vor. Jedenfalls übernahm Probstzella 1898 auch die Betreuung der Loks für die Nebenbahn nach Taubenbach, die 1899 bis Bock-Wallendorf und 1913 bis Neuhaus-Igelshieb sowie Lauscha verlängert wurde. Zum Einsatz kamen bis Bock-Wallendorf zunächst preußische T 13 und T 15 der Bauart Hagans, später bis Lauscha und Neuhaus-Igelshieb sowie vor den Erzzügen von Taubenbach via Saalfeld nach Unterwellenborn T 16/T 16^{1}.

Im Jahr 1905 wurde in Probstzella ein sechsständiger Lokschuppen mit angegliederter Schlosserei gebaut. 1923 erhielt die bei der KED Erfurt einst als „Stationsschlosserei" geführte Dienststelle den Status eines Bahnbetriebswerks. Sehr wahrscheinlich schon vorher lag die preußischen Standards entsprechende 16,2-Meter-Drehscheibe. Den Lokschuppen vergrößerte man auf neun Stände. 1938 erfolgte der Einbau einer Drehscheibe mit 16,5 Meter langer Bühne und angesetzter „Hilfsbrücke". Diese wie bei einer Segmentdrehscheibe nur in einem Teilkreis drehbare Konstruktion wählte man, weil der Einbau einer um 360 Grad drehbaren Bühne mit 20 oder gar 23 Meter Länge wegen Platzmangel nicht möglich war.

Die ab 1923/24 dem Bw Probstzella zugewiesenen T 20 respektive 95er befuhren hauptsächlich die Strecke Lichtenfels – Saalfeld, wobei sie auf der Frankenwaldrampe gemeinsam mit den 96ern des Bw Pressig-Rothenkirchen Reise- wie Güterzüge nachschoben. Erst in den 1930er Jahren verdrängten 95er auf der Nebenbahn nach Lauscha weitgehend die Lokomotiven der Baureihe 94^{5}.

Für den Einsatz auf der mittlerweile bis Camburg (Saale) elektrifizierten Hauptbahn bekam das Bw Probstzella im ersten Quartal 1941 die fabrikneuen E 94 020, 021 und 023. Ab Dezember 1941 folgten weitere E 94. Planmäßig bespannten die Sechsachser nun Züge bis Weißenfels, auf der Frankenwaldbahn teilten sie sich mit Maschinen des Bw Pressig-Rothenkirchen den Schiebedienst. Ende 1943 gehörten die E 94 054 bis 058 und E 94 106 zum Probstzellaer Bestand, dabei blieb es über das Kriegsende hinaus. Nachdem der im Januar/Februar 1946 zwischen Probstzella und Saalfeld wieder aufgenommene elektrische Betrieb Ende März 1946 ebenso wie im gesamten mitteldeutschen Netz eingestellt wurde, gelangten auch diese E 94 in die Sowjetunion.

Ab Herbst 1945 dem Bw Probstzella zugeteilte Nassdampfloks der Baureihe 55^0 (preuß. $G\ 7^1$) beförderten ab 1947 unter anderem die „Korridorzüge" Probstzella – Lehesten. Vor allem 95er zogen und schoben ab 1947 die interzonalen Güterzüge zwischen Probstzella und Ludwigsstadt, Schiebedienst leisteten sie vielleicht sogar bis Steinbach am Wald. Nach Wiederaufnahme des elektrischen Betriebs über die Zonengrenze hinweg im Juni 1950 befuhren rund ein Jahr lang noch die im Korridorverkehr nach Lehesten eingesetzten Probstzellaer Dampflokomotiven die Frankenwaldrampe bis Ludwigsstadt.

119 053 und 138 übernehmen in Probstzella den D 1402 (14.10.1990). ***Foto: K. Koschinski***

Den schließlich durchweg ölgefeuerten 95ern blieb bis Anfang der 1980er Jahre hauptsächlich der Dienst in der Relation Saalfeld – Sonneberg. Abgelöst wurden sie von Dieselloks, vulgo „U-Booten" der Baureihe 119. Nach 1990 kamen Probstzellaer 119 mit Arbeitszügen, gelegentlich auch vor Güterzügen und im Schiebedienst auf die Frankenwaldbahn. Sechs ab 28. März 1991 leihweise dem Bw Probstzella zugeteilte Elloks der Baureihe 243 beförderten ein halbes Jahr lang meist in Doppeltraktion Bedarfsgüterzüge zwischen Probstzella und Nürnberg sowie auf der Strecke Bamberg – Würzburg. Zum 28. Dezember 1993 löste die (Noch-)Reichsbahn das Bw Probstzella auf. Weiterhin setzte die dem Betriebshof Saalfeld zugeordnete Dienststelle Diesellokomotiven der nunmehrigen Baureihe 219 auf der Strecke Probstzella – Sonneberg ein, bis zur „befristeten" Stilllegung der sanierungsbedürftigen Strecke am 22. Januar 1997. Der funktionslos gewordene Lokschuppen in Probstzella ist bis heute samt der sehr speziellen Drehscheibe erhalten. ❑

95 032 im Bw Probstzella (Juli 1967). ***Foto: K.-F. Seitz***

ERNEUTE BLÜTE

FÜR FAST DREISSIG JAHRE

Mit dem Fall der Mauer erwachte die Frankenwaldbahn aus ihrem Dornröschenschlaf. Sie wurde zweigleisig ausgebaut und die anschließende Strecke von Probstzella bis Camburg elektrifiziert. Ab Dezember 2006 fuhren die ICE-Züge endlich im Stundentakt. Seit Inbetriebnahme der NBS Ebensfeld–Erfurt Ende 2017 ist der Fernverkehr auf ein IC-Paar reduziert

Am 10. November 1989 kündigt der Fahrdienstleiter des Bahnhofs Probstzella seinem Kollegen in Ludwigsstadt per BASA-Telefon an, dass am Folgetag drei Viertel der Einwohner von Probstzella mit dem Zug nach Oberfranken kommen. In einer ersten Reaktion auf die überraschende Reisefreiheit für DDR-Bürger haben Bundes- und Reichsbahn auf zentraler Ebene vereinbart: ab 11. November ein neues tägliches Zugpaar E 2003/2006 Saalfeld – Lichtenfels und zurück, in gegenläufiger Zeitlage zum nun ebenfalls täglich (statt nur an Wochenenden für westdeutsche Touristen) angebotenen Zugpaar E 2002/2007.

Spontan setzte die DR bereits in der Nacht zum 11. November den Sonderzug D 12301 Saalfeld – Nürnberg ein. Am Morgen schickte die DB einen ad hoc aus zwei V 100 (den 211 018 und 023) und neun „Silberlingen" gebildeten Zug über die Grenze nach Saalfeld. Von dort kehrte er als E 2003 zurück, etwa 400 der 713 Reisenden stiegen in Ludwigsstadt aus. Zwar wurde sehr rasch der Straßengrenzübergang am Falkenstein eingerichtet, am 12. November für Fußgänger und tags darauf auch für Autos geöffnet. Doch weiterhin reichten die regulären Eilzüge und die ab 16./17. November eingelegten D 1101/1100 Berlin-Lichtenberg – München sowie D 1103/1102 Leipzig – Stuttgart nicht aus, um den Massenansturm auf die Bahn zu bewältigen. So ungewöhnlich die 211er auf dem Streckenabschnitt bis Saalfeld waren, so exotisch muteten die in Sonderzügen bis Nürnberg eingesetzten Doppelstockwagen im Westen an. Erst als zu Weihnachten die Auszahlung des „Begrüßungsgeldes" für DDR-Bürger entfiel, ebbte der Besucherstrom von Ost nach West deutlich ab. Andererseits belebte die Aufhebung der Visapflicht für BRD-Bürger per 24. Dezember 1989 jenen von West nach Ost.

Ab dem Fahrplanwechsel am 27. Mai 1990 befuhren erstmals Interregios die Frankenwaldbahn, in der Relation Nürnberg – Leipzig völlig neu die IR 400/401 und zu Interregios hochgestuft die auf den Laufweg München – Leipzig verlängerten IR 402/403. Teils neu verkehrten nun regulär einige D-Zug-Paare, unter anderem D 1400/1401 in der Relation München – Berlin-Lichtenberg. Nur für ein Jahr nahm das Zugpaar D 404/405 München – Warschau und zurück den Weg via Ludwigsstadt statt Hof. Unverändert blieb mit drei täglichen D-Zug-Paaren zwischen München bzw. Nürnberg und Berlin Friedrichstraße das Angebot im „Berlin-Transit", wobei diese Züge freilich ab 1. Juli 1990 (Beginn der Währungsunion) außer in Probstzella weitere Verkehrshalte in der noch existierenden DDR einlegten. Wie gehabt fuhr einmal wöchentlich das Zugpaar D 1306/1307 München Ost – Berlin-Wannsee – Berlin Friedrichstraße (und zurück) mit Schlaf- und Liegewagen sowie Autobeförderung (saisonal mit Zugteil ab/bis Innsbruck und Villach).

Kaum änderte sich vorerst das Angebot im Nahverkehr, erst 1991 wurden die Zugläufe größtenteils über Ludwigsstadt hinaus bis Probstzella verlängert. Fernzüge hielten ab 2. Juni 1991 nicht mehr in Ludwigsstadt.

Einen Qualitätssprung im Fernverkehr bedeutete die zum Fahrplanwechsel am 31. Mai 1992 eingerichtete, im Zwei-Stunden-Takt bediente Intercity-Linie 8 München – Leipzig – Berlin (mit jeweils einem IC-Paar ab/bis Garmisch-Partenkirchen und Zell am See). Dafür entfielen die beiden IR-Paare. Als einzige Fernzüge hielten noch in Kronach die schon seit Juni 1991 angebotenen Nachtschnellzüge D 1904/1905 der Relation (Konstanz –) Stuttgart – Berlin.

Nach einem Jahr Pause befuhr ab 23. Mai 1993 wieder ein Interregio-Paar die Frankenwaldbahn: die IR 2202/2203 Nürnberg – Halle – Berlin-Lichtenberg hielten auch in Kronach, wurden jedoch zum Sommerfahrplan 1996 gestrichen. Ebenfalls ab 23. Mai 1993 verlängerte man den Laufweg des EC-Paars 10/11 „Mimara" Zagreb – München bis bzw. ab Leipzig. Ab 2. Juni 1996 verband der

151 149, 185 284 und Schiebelok 151 024 mit einem Güterzug nach Nürnberg oberhalb von Lauenstein (April 2012). *Foto: M. Knappe*

12. November 1989: 211 018 und 211 023 mit Sonderzug Saalfeld–Lichtenfels. *Foto: B. Schmitt*

111 024 mit IR 402 nach Leipzig im DDR-Grenzgebiet bei Probstzella (13.8.1990). *Foto: D. Kempf*

Eurocity „Mimara“ die Hauptstadt Kroatiens mit Berlin, wobei es bis zur Aufnahme des ICE-Verkehrs München–Berlin zum Sommerfahrplan 2000 blieb.

Wieder komplett zweigleisig

Der Ausbau der Frankenwaldbahn erfolgte im Rahmen des von einer deutsch-deutschen Regierungskommission erarbeiteten und im Juli 1990 beschlossenen „Lückenschlussprogramms“. Die Maßnahmen beinhalteten

- die Modernisierung und den Ausbau der 146 Kilometer langen Strecke Hochstadt-Marktzeuln–Camburg (Saale) unter anderem zur Anhebung der Höchstgeschwindigkeit auf 120 bis 140 km/h, in Abschnitten mit engen Gleisbögen möglichst auf 90 km/h
- die Wiederherstellung der durchgehenden Zweigleisigkeit zwischen Hochstadt-Marktzeuln und Saalfeld
- die Elektrifizierung von Probstzella bis Camburg (Saale).

Im Herbst 1991 begannen die Bauarbeiten. Der zweigleisige Ausbau erwies sich wegen des geforderten neuen Gleismittenabstandes von vier Metern stellenweise als schwierig, so musste man Dammabschnitte erweitern und in Geländeeinschnitten Hänge abtragen. Außerdem waren entfernte Brückenhälften für das zweite Gleis, auch einige Brücken völlig neu zu errichten. Auf der Frankenwaldbahn wurde im Mai 1993 das zweite Gleis in den Streckenabschnitten Stockheim–Pressig-Rothenkirchen–Fört-

Die 151 019 hat am 3. Juli 1993 mit einem Güterzug nach Nürnberg Ausfahrt aus dem Bahnhof Probstzella. ***Foto: Dr. Brüning***

schendorf sowie Küps – Kronach in Betrieb genommen, im März 1994 folgte die Inbetriebnahme der Abschnitte Kronach – Stockheim und Redwitz – Küps, dann im Dezember 1994 die des Abschnitts Hochstadt-Marktzeuln – Redwitz. Auf der Strecke Probstzella – Saalfeld ging im Juli 1994 das zweite Gleis zunächst zwischen Kaulsdorf und Saalfeld in Betrieb, schließlich im Mai 1995 auch zwischen Probstzella und Kaulsdorf. Vorerst eingleisig blieb der Abschnitt Ludwigsstadt – Probstzella. Wieder mal wurde der Bau eines Tunnels unter dem Falkenstein erwogen, dieses „Loquitz-Tunnel" genannte Projekt aber zugunsten der Schnellfahrstrecke Erfurt – Ebensfeld verworfen.

Die Baumaßnahmen betrafen natürlich auch Bahnhöfe. So musste man an kleineren Stationen abgetragene Bahnsteige für das zweite Gleis neu errichten. Auf der Frankenwaldbahn waren in Redwitz, Küps und Ludwigsstadt die schienengleichen Bahnsteigzugänge durch schienenfreie zu ersetzen. In fast allen Bahnhöfen wurden nicht mehr benötigte Gleise abgebaut, die Bahnhöfe Redwitz, Neuses und Stockheim in Haltepunkte umgewandelt. Den schwach frequentierten Haltepunkt Oberlangenstadt ließ die DB zum 31. Mai 1992 auf.

In Kronach ging am 7. Mai 1995 ein Elektronisches Stellwerk (ESTW) in Betrieb, was das Aus für die dortigen Formsignale und zwei elektromechanische Stellwerke bedeutete. Zugleich wurde das erst 1978 in Betrieb genommene Drucktastenstellwerk in Stockheim stillgelegt. Ende August 1997 legte DB

Der D 303 aus Berlin, bespannt mit einer Lokomotive der Baureihe 155, wird am 24. Januar 1992 gleich Steinbach a. Wald erreichen. *Foto: B. Schmitt*
UNTEN: 120 106 mit dem bunten Wagenpark des EC 11 „Mimara" (Leipzig–Zagreb) am 15. Mai 1995 oberhalb von Ludwigsstadt. *Foto: M. Hahmann*

Netz auch das Dr-Stellwerk in Steinbach am Wald still und schloss das Dr-Stellwerk in Ludwigsstadt über einen „Bedienanpassrechner“ an das ESTW Kronach an. Ebenfalls Ende August 1997 wurden die mechanischen Stellwerke in Probstzella stillgelegt und durch einen vom ESTW Saalfeld aus gesteuerten Bereichsstellrechner ersetzt. Seit Stilllegung auch der Drucktastenstellwerke in Hochstadt-Marktzeuln und Pressig-Rothenkirchen im Jahr 2012 wird der Betrieb auf der Frankenwaldbahn bis zur bayerisch-thüringischen Landesgrenze vom ESTW Kronach gesteuert. Dieses ist seit 2013 von der Betriebszentrale München aus fernbedient, im Dezember 2017 aber wieder mit örtlichem Personal besetzt worden.

Zurück zu den Baumaßnahmen des Lückenschlussprogramms: Am 28. Mai 1995 begann regulär der elektrische Betrieb zwischen Probstzella und Camburg (Saale), mithin war die wieder aufgeblühte Magistrale München – Nürnberg – Berlin endlich lückenlos elektrifiziert! Doch die Arbeiten zur Wiederherstellung der Zweigleisigkeit auf den sieben Kilometern zwischen Ludwigsstadt und Probstzella zogen sich hin. Die teilweise Höherlegung der parallel zur Bahn verlaufenden Bundesstraße 85 erforderte den Bau von Stützmauern, der Wegfall der Bahnübergänge bei der Fischbachsmühle und am Falkenstein den Bau einer großen Straßenbrücke nahe der Fischbachsmühle. Erst zum Fahrplanwechsel am 1. Juni 1997 erfolgte offiziell die Inbetriebnahme des zweiten Gleises im Abschnitt Ludwigsstadt – Probstzella.

Gesteigerte Attraktivität

Zwei Jahre nach Einführung der IC-Linie 8 hob die DB ab 29. Mai 1994 auch im Nachtreiseverkehr München – Berlin den Qualitätsstandard deutlich an: Die D 1900/1901 wurden in aus Talgo-Wagen gebildete ICN-Züge (InterCityNight) umgewandelt, die zwischen München Ost und Berlin-Wannsee Autotransportwagen führten. Die Traktion oblag bis/ab Probstzella anfangs 103ern, die man nach kurzer Zeit durch 113er (ex E 10^{12} bzw. 112er) ersetzte. Ab 28. Mai 1995 beförderten auf dem gesamten Laufweg Lokomotiven der Baureihe 155 (ex 250 der DR) die ICN 1900/1901, Ende Mai 1999 übernahmen 101er die Traktion der schließlich bis Dezember 2009 als CNL 1200/1201 „Capella“ über die Frankenwaldbahn geleiteten Talgo-Züge.

Zwischenleistung: 103 123 mit N 6706 bei Förtschendorf (15. Mai 1995). ***Foto: M. Hahmann***

114 488 mit IR 403 aus Leipzig bei Pressig-Rothenkirchen (17. Mai 1992). ***Foto: B. Schmitt***

113 267 mit ICN 1901 Berlin – München in Probstzella (23. April 1995). ***Foto: M. Hahmann***

Lokwechsel beim IC 812 (München – Berlin) in Probstzella am 6. September 1993: 103 119 (rechts) hat an die 232 704 übergeben. ***Foto: G. Hoch***
UNTEN: 110 253 wartet am 27. August 1996 mit dem Autoreisezug KA 13786 nach Berlin in Ludwigsstadt eine Zugkreuzung ab. ***Foto: Th. Färber***

Mit Aufnahme des elektrischen Betriebs zwischen Probstzella und Camburg (Saale) zum Sommerfahrplan 1995 wurden die nun in Probstzella durchrauschenden Intercitys deutlich beschleunigt. So verkürzte sich die Reisezeit München Hbf – Berlin Zoo von 7 Stunden 57 Minuten auf meist 7 Stunden 21 Minuten, fast genauso in der Gegenrichtung. Im Sommer 1989 hatte der Tageszug D 302 von München Hbf bis Berlin Zoologischer Garten noch 9 Stunden 54 Minuten gebraucht.

Auch im Nahverkehr brachte der Fahrplanwechsel am 28. Mai 1995 wesentliche Verbesserungen. Die Züge auf der Frankenwaldbahn begannen und endeten nicht mehr meist in Probstzella, sondern sie fuhren (jetzt als RB oder RE) bis/ab Saalfeld, teils reichten ihre Laufwege darüber hinaus. Die Leistungen teilten sich Lokomotiven der Baureihen 141 und 143, wobei Letztere dominierten und meist mit Doppelstock-Garnituren zum Einsatz kamen. Weiterhin mit 141ern und (Ex-)„Silberlingen" fuhren einige RB-Züge zwischen Lichtenfels und Kronach bzw. Ludwigsstadt. Grundlegend neu gestaltet wurde das Angebot dann zum Sommerfahrplan 1996: Nun verkehrten jeweils im annähernden Zwei-Stunden-Takt Regionalbahnen alternierend in den Relationen Bamberg – Jena – Großheringen und Lichtenfels – Ludwigsstadt.

Zeitweilig große Typenvielfalt

Bereits 1991 waren auf der Frankenwaldbahn neben den DB-Maschinen der Baureihen 110, 111, 140, 141, 150 und 151 regulär Elloks der Deutschen Reichsbahn eingesetzt. Von April bis September 1991 an das Bw Probstzella verliehene 243er beförderten meist in Doppeltraktion Güterzüge des „Programm-Verkehrs". Diese Lokomotiven wurden von an die Bundesbahn vermieteten Sechsachsern der Baureihe 250 abgelöst; dem Bw Nürnberg Rbf zugeteilt, kamen sie (umgezeichnet in 155er) ab Ende September 1991 planmäßig auch auf der Frankenwaldbahn zum Einsatz. Im Schubdienst halfen gelegentlich DR-Dieselloks der Baureihen 119 und 132 aus, ab

1992 beförderten 119er sporadisch Güterzüge bis Nürnberg. Mitte der 1990er Jahre kamen Saalfelder 219 (ex 119) häufig mit Kesselwagenzügen bis Lichtenfels.

Die 1992 eingeführten Intercitys wurden mit Lokomotiven der Baureihen 103, 120.0 und 120.1 bespannt. Im Jahresfahrplan 1994/95 gaben bemerkenswerterweise 1044 der ÖBB ein Gastspiel im IC-, IR- und Eilzugdienst auf der Frankenwaldbahn; ein sonntäglicher Umlauf enthielt die IR 2202 Nürnberg – Probstzella und IC 805 Probstzella – Nürnberg, als Zwischenleistungen ein Eilzugpaar Probstzella – Lichtenfels – Probstzella. Ebenfalls 1994/95 bespannte die im „Talgo-Plan" eingesetzte 113er als Zwischenleistungen ein Nahverkehrszugpaar Probstzella – Lichtenfels – Probstzella sowie die IC 701/700 Probstzella – Nürnberg – Probstzella.

Ab 29. September 1996 wurde die IC-Linie 8 über Berlin hinaus bis Hamburg verlängert und überwiegend auf Wendezugbetrieb mit IC-Steuerwagen umgestellt. Fortan beförderten 120.1 die nach und von Hamburg durchlaufenden Züge, schon ab Juni 1997 auch 101er. Den 103ern verblieben in der Relation Berlin – München der EC 11 „Mimara" und der IC 703. Übrigens befuhren mit dem saisonalen Autoreisezugpaar KA 13786/13787 Rosenheim – Berlin-Wannsee (und zurück) im Sommer 1996 und 1997 wieder Loks der Baureihe 110 die Strecke via Probstzella.

Im Güterzugverkehr herrschte ab Mitte der 1990er Jahre die Baureihe 155 vor. Den Schubdienst übernahmen zum Sommerfahrplan 1995 vorher nur gelegentlich dafür verwendete Maschinen der Baureihe 150, da man die 151er dringend anderweitig benötigte. Zwischen 1995 und dem Fristablauf im Jahr 2001 beglückte der Einsatz der E 94 056 auf der Frankenwaldbahn die Fans: Sporadisch beförderte die DB-Museumslok Plangüterzüge von Leipzig-Engelsdorf nach Nürnberg Rbf und zurück.

140 441 mit Übergabezug in Steinbach a. Wald, daneben 333 094 (18.2.1992). ***Foto: G. Hoch***

232 376 mit ÖBB-1044 225 und E 3775 bei Lauenstein (31. Juli 1994). ***Foto: B. Schmitt***

Die ICE-Ära

Eine markante Neuerung im Fernreiseverkehr München – Berlin brachte der Fahrplanwechsel am 28. Mai 2000: ICE-Züge mit Neigetechnik „legten sich in die Kurven" der Frankenwaldbahn und der Saalebahn. Noch ohne aktive Neigetechnik übernahmen ICE-T der Baureihe 411 schon am 30. Januar 2000 das Zugpaar IC 812/813. Zum Sommerfahrplan 2000 wurde die bisherige IC-Linie 8 zunächst im Abschnitt München – Berlin zur ICE-Linie aufgewertet. Die 411er, teils auch zusammen mit 415ern gebildete Doppeleinheiten, lösten die lokbespannten Intercitys ab. Nur zu stark nachgefragten Zeiten (so als Wochenend-Verstärker) verkehrten weiterhin einzelne von 101ern oder 120ern beförderte IC-Züge. Regulär den Lokomotiven der Baureihe 101 verblieben außerdem Autoreisezüge in diversen Relationen Berlin – Österreich/Italien sowie bis Dezember 2008 das EuroNight-Zugpaar „Donau-Spree-Kurier" bzw. „Spree-Donau-Kurier" Wien – Nürnberg – Berlin (und zurück) und bis Dezember 2009 das zuletzt als CityNightLine qualifizierte Talgo-Zugpaar in der Relation München – Berlin.

Die ICE-T brauchten nach nochmaligen Fahrzeitkürzungen im Jahresfahrplan 2001/2002 von Berlin Ostbahnhof bis München Hbf meist 6 Stunden 42 Minuten, ergo 53 Minuten weniger als 1999/2000 die Intercitys (jeweils auf der damaligen Route über den Berliner Außenring, bei gleicher Wendezeit im Kopfbahnhof Leipzig Hbf und für die ICE nach Wegfall nur des Zwischenhaltes in Bitterfeld). Der Reisezeitgewinn von 53 Minuten auf der insgesamt 705 Kilometer langen Strecke war allerdings größtenteils Resultat des Streckenausbaus zwischen Berlin und Leipzig, auf dem für die Neigetechnik relevanten 173 Kilometer langen Abschnitt Naumburg – Lichtenfels

194 580 schob ab November 2004 private Güterzüge nach (19.8.2005). ***Foto: B. Schmitt***

Ab Juli 2007 kamen wechselnde Re 421 der SBB zum Einsatz (19.4.2009). ***Fotos: Th. Färber (2)***

betrug er nur 16 Minuten. Ab 10. Dezember 2006 verkehrten die Züge der mittlerweile so bezeichneten ICE-Linie 28 Hamburg – Berlin – München annähernd im Stundentakt; infolge Inbetriebnahme der Neubaustrecke Nürnberg – Ingolstadt verkürzte sich die Reisezeit der schnellsten Züge von Berlin Hbf nach München Hbf auf 5 Stunden 42 Minuten!

Nachdem man Risse an Radsatzwellen entdeckt hatte, durften die ICE-T ab 23. Oktober 2008 nur noch ohne aktive Neigetechnik fahren, zwei Tage später wurden fast alle ICE-T aus dem Verkehr gezogen. Maschinen der Baureihen 101 und 120 beförderten Ersatzzüge, einige Wochen lang bespannte auch die Münchner „Edelreservistin" 103 145 Ersatz-IC zwischen München und Nürnberg, manchmal kam sie bis Leipzig. Sukzessive übernahmen bis Mitte April 2009 wieder ICE-T die Leistungen, jedoch blieb ihre Neigetechnik stillgelegt (was sich nur geringfügig auf die Fahrzeiten auswirkte). Im Winter 2009/2010 häuften sich Ausfälle der Fahrmotoren. Deshalb spannte man „schwächelnden" ICE-T auf den Steilrampen zunächst die auch im Schiebedienst verwendete 151er vor, später in Probstzella bereitgehaltene Maschinen der Baureihe 139/140 und schließlich bis Sommer 2014 der Baureihe 101.

Ab 12. Dezember 2010 kamen als ICE 914/915 täglich ICE 1 zum Einsatz, vorher waren ICE der ersten und zweiten Generation nur an einzelnen Tagen im Frankenwald anzutreffen. Ab 20. März 2011 fuhr jedoch eine mit 101er bespannte METROPOLITAN-Garnitur als ICE 914/915. Ab 9. Dezember 2012 wurden beide MET-Garnituren auf der ICE-Linie 28 zwischen Berlin und München eingesetzt (als ICE 1001/1008 und ICE 1005/1004, tageweise mit abweichenden Zugnummern). Im Fahrplanjahr 2017 verkehrte nur noch eine MET-Garnitur (als ICE 1005/1000 bzw. ICE 1002). Einige ICE-Leistungen wurden mit Triebzügen der Baureihen 401 und 402 gefahren, ansonsten mit 411ern (teils in der Kombination 411/415). In den ungefähren Stundentakt waren nun drei von 101ern oder 120ern beförderte IC-Paare integriert.

Förtschendorf: Eine 143 mit RB Nürnberg–Naumburg begegnet am 17. Februar 2010 einem ICE-T. *Foto: G. Hoch*

E 94 056 mit Plangüterzug in Probstzella (5.10.1997). *Foto: M. Hahmann*

612 158 und 411 077 (ICE 1512) oberhalb von Förtschendorf (24.9.2011).

223 152 (IntEgro) mit Wiegand-Flaschenzug in Steinbach (Sept. 2011).

RBH-151 084 schiebt oberhalb von Ludwigsstadt nach (6. Juli 2015).

Seit 10. Dezember 2017 fahren alle ICE-Züge der Relation Berlin – Halle/Leipzig – München über die Neubaustrecke Erfurt – Ebensfeld. Damit hat die Frankenwaldbahn ihre Funktion für den Fernreiseverkehr fast völlig verloren. Die klassische Route durch das Saaletal und den Frankenwald nimmt seither ein IC-Paar Leipzig – Nürnberg – Karlsruhe und zurück (alternierend als IC 2060/2063 bzw. 2068/2161). Diese Züge halten, wie einzelne Intercitys zuletzt bis Dezember 2007, auch in Kronach. Im Rahmen ihrer „Fernverkehrsoffensive“ hat die Deutsche Bahn in Aussicht gestellt, die IC-Linie Leipzig – Nürnberg – Karlsruhe ab Dezember 2023 zweistündlich zu bedienen, dann auch mit Halt in Ludwigsstadt.

Den Regionalverkehr auf der Frankenwaldbahn erledigen seit Dezember 2012 regulär Triebwagen der Baureihe 442 (Typ „Talent 2“). Jeweils im Zweistundentakt bedienen sie die RE-Linie Jena – Nürnberg und die RB-Linie Saalfeld – Bamberg. Von April 2002 bis Dezember 2011 waren als RegionalExpress in der Relation Saalfeld – Lichtenfels, dann ein Jahr lang Jena – Lichtenfels Neigezüge der Baureihe 612 eingesetzt. Abgesehen von einzelnen ebenfalls mit 612ern gefahrenen Leistungen (und dem zeitweiligen 628er-Einsatz zwischen Lichtenfels und Kronach), wurden die RB-Züge nach dem Ausscheiden der Baureihe 141 (im Jahr 2001) wie teils schon vorher mit 143ern bespannt, ab Dezember 2007 auch mit 111ern. Schließlich oblag im Fahrplanjahr 2012 der gesamte RB-Verkehr zwischen Bamberg und Kronach bzw. Saalfeld regulär Lokomotiven der Baureihe 111. Wenn es an „ET 442“ mangelte, kamen auch da-

ER 20-003 mit Schrottzug Cheb – Könitz und 151 035 vor Steinbach (10. Mai 2012).

140 772 (Erfurter Bahnservice) mit Leerzug vor Förtschendorf (2017). ***Foto: K. Koschinski***

119 004 von RheinCargo rollt am 5. Februar 2015 mit einem Kesselwagenzug aus Richtung Nürnberg über den Trogenbachviadukt in Ludwigsstadt. UNTEN: 103 222 von RailAdventure überführt am 16. Juli 2015 bei Ludwigsstadt eine neue Talgo-Garnitur der RZD nach Berlin. ***Fotos: Th. Färber (5)***

Grenzlasten ausgewählter Baureihen

für die Bergfahrt mit einer Lokomotive ohne Schub, jeweils bei freier Durchfahrt

Streckenabschnitt/Baureihe	**101**	**140**	**151**	**152**	**155**	**182**	**185**	**187**	**189**	**193**	**232**	**Class 66**
Probstzella – Steinbach a.W.	845 t	580 t	845 t	845 t	810 t	840 t	840 t	905 t	840 t	915 t	595 t	1020 t
Pressig-Rothenkirchen – Steinbach a.W.	865 t	595 t	870 t	865 t	830 t	860 t	860 t	930 t	860 t	935 t	605 t	1035 t

Quelle: Grenzlastanzeiger GretA der DB Netz AG (www.dbnetze.com/greta)

Ein ICE-Triebwagen der Baureihe 411 ist am 15. November 2017 beim ehemaligen Haltepunkt Lauenstein nach Berlin unterwegs. ***Foto: M. Knappe***
UNTEN: Seit Dezember 2012 wird der Regionalverkehr mit der Baureihe 442 durchgeführt (442 777 in Probstzella; 31. Mai 2017). ***Foto: R. Steger***

nach 111er mit n-Wagen zum Einsatz, außerdem wieder 143er mit n-Wagen oder Doppelstock-Garnituren.

Weiterhin wichtige Frachtroute

Absehbar kaum geschmälert durch Verlagerung von Transporten auf die Neubaustrecke Erfurt – Ebensfeld, behält die Frankenwaldbahn ihre Bedeutung für den Güterverkehr. Sie ist Teil der Achse Ostsee – Berlin – München – Italien; beispielsweise rollen auf ihr Züge des Kombinierten Ladungsverkehrs (KLV) in der Relation Rostock Seehafen – Verona. Eine wichtige Rolle spielt sie auch als Frachtroute zwischen Mittel- und Süddeutschland, unter anderem für Kesselwa-

genzüge zwischen den Chemiezentren Leuna und Ingolstadt sowie dem südostbayerischen Chemiedreieck (mit dem Wackerwerk Burghausen).

DB Cargo setzt aktuell Maschinen der Baureihen 145, 151, 152, 155, 185, 187 und 189 ein. Auch „private“ 145er, 151er, 185er, 187er und 189er sind im Frankenwald anzutreffen, zudem bereichern diverse Eisenbahnverkehrsunternehmen die Typenvielfalt um Loks der Baureihen 182 (Typ „Taurus“) und 193 (Typ „Vectron“), aber auch um „Oldtimer“ der Baureihen 139 und 140 sowie Diesellokomotiven der „Class 66“ (Baureihe 266). Notabene „Oldtimer“: Erinnert sei an den im Zeitraum November 2004 bis September 2006 geleisteten Schiebedienst mit der 194 580 des Vereins „IG 58 3047 Glauchau“. DB Cargo stellt für die bei schweren Güterzügen nötige Schubhilfe immer noch eine Lok der Baureihe 151,

120 132 und 120 141 bespannten am 16. Mai 2015 den IC 2300 (München–Berlin), aufgenommen oberhalb von Förtschendorf. ***Foto: Th. Färber***
OBEN RECHTS: 111 179 mit RB 59353 fährt am 27. April 2012 bei der Bastelsmühle dem nächsten Halt in Förtschendorf entgegen. ***Foto: M. Knappe***

Defekter ICE 2: 151 166 mit ICE 715 vor Steinbach (29. August 2017). ***Foto: Th. Färber***

152 125, 185 026 und 151 161 mit Kohlezug bei Lauenstein (3. März 2012). ***Foto: O. Buhler***

Steinbach: ICE 2-Messzug und abgehende Schiebelok 151 069 (10.2.2017). ***Foto: J. Schmidt***

die fleißig zwischen Pressig-Rothenkirchen und Probstzella pendelt.

Für den Gütertransport zu Betrieben in ihrem Umfeld spielt die Frankenwaldbahn längst keine Rolle mehr. Güterverladung findet derzeit (Stand Februar 2018) nur noch im Raum Kronach statt: Ein mit Diesellok bespannter Übergabezug von DB Cargo bedient regelmäßig die zwischen Küps und Neuses gelegene Müllumladestation, gelegentlich befördern auch private Güterzüge im Bahnhof Kronach verladenes Holz.

Die in Steinbach am Wald ansässige Firma Wiegand-Glas schickte bis Ende 2015 in pro Woche mehreren Ganzzügen Paletten mit Flaschen nach Kehl und Ehrang sowie Champigneulles (nahe Metz), in letzterer Relation direkt zu einer Brauerei mit Werksanschluss. Elektrolokomotiven von DB Cargo beförderten die Züge nach Kehl, Elloks der Captrain GmbH die Züge nach Ehrang und Champigneulles, auf dem Werksgelände in Steinbach am Wald rangierten Dieselloks der Erfurter Bahnservice GmbH (EBS) oder an die EBS vermietete Maschinen. Weil der Streckenabschnitt Lichtenfels – Bamberg wegen Einbindung der Neubaustrecke Erfurt – Ebensfeld vom 11. Januar bis 4. September 2016 gesperrt war, entfielen die Züge. Danach blieb der Werksanschluss in Steinbach am Wald wegen eines festgestellten Brückenschadens gesperrt, jedoch strebt die Firma Wiegand-Glas die Wiederaufnahme des Ganzzugverkehrs an. ❑

Bayer. GtL 4/4 mit gemischtem Zug nach Lehesten, aufgenommen um das Jahr 1934. *Foto: Slg. Treuner*

SCHIEFER UND GLAS

Sechs Nebenbahnen zweigten einst von der Frankenwaldbahn ab. Von der Zonengrenzziehung 1945 waren drei Linien betroffen. Nach Lehesten und Tettau verkehrten für wenige Jahre zunächst noch „Korridorzüge". Die Gütertransporte in den Tettauer Winkel wurden ab 1952 mit Culemeyer-Straßenrollern abgewickelt

Noch während des Baus der Frankenwaldbahn im Abschnitt Stockheim – Probstzella und der Verbindung zur Gera-Eichichter Bahn wurde 1884/85 die Stichstrecke von Ludwigsstadt ins thüringische Lehesten errichtet. Bis 1916 entstanden fünf weitere von der Frankenwaldbahn abzweigende Strecken:

- Probstzella – Bock-Wallendorf (1898/99), 1913 verbunden mit Sonneberg – Lauscha
- Kronach – Nordhalben (1900)
- Stockheim – Neuhaus-Schierschnitz (1901) anschließend an Strecke von Sonneberg
- Rothenkirchen – Tettau (1903)
- Neuses – Weißenbrunn (1916).

Zu betrieblichen Kuriosa kam es infolge der Zonengrenzziehung auf der Linie nach Lehesten und auf der Strecke Pressig-Rothenkirchen – Tettau respektive deren Reststück im „Tettauer Winkel". Wenigstens auf diese beiden Nebenbahnen sei abseits unseres Kernthemas eingegangen.

Ludwigsstadt – Lehesten

Am 1. Dezember 1885 nahmen die Bayerischen Staatseisenbahnen die 7,6 Kilometer lange Lokalbahn Ludwigsstadt – Lehesten in Betrieb. Mit ihr war die 1,2 Kilometer lange Anschlussbahn von der Endstation zum Lehestener Schieferbruch entstanden. Eine 1886 fertiggestellte 2,7 Kilometer lange Anschlussbahn führte von Lehesten zum Schieferbruch bei Schmiedebach, im 80 Promille steilen Abschnitt hinunter ins Culmbachtal auf 1260 Metern Länge mit Zahnstange (System Abt) ausgerüstet.

Den Bau der Lokalbahn hatte die Regierung des Herzogtums Sachsen-Meiningen finanziert. Der Kommerzialrat Oertel, ebenso wie das Herzogtum Eigentümer großer Schieferbrüche in der Gegend um Lehesten, gewährte als Darlehen einen Baukostenzuschuss. Gemäß dem im Juni 1884 zwischen Bayern und Sachsen-Meiningen geschlossenen Staatsvertrag wurde die beim Kilometer 5,3 die Landesgrenze querende Strecke auf Pachtbasis von den Bayerischen Staatseisenbahnen betrieben. Zur Reichsbahnzeit blieb sie komplett der Direktion Nürnberg unterstellt.

Die Güterzüge transportierten hauptsächlich Erzeugnisse aus dem im Lehestener Bergbaugebiet gewonnenen Schiefer, so Haus- und Dachschiefer, Schreibgriffel und Schiefertafeln. Entsprechend beförderten die Personenzüge oder GmP vor allem in den Schieferbetrieben tätige Arbeitskräfte. Um 1900 galten der staatliche „Herrschaftsbruch" südwestlich von Lehesten und der nach dem Unternehmer Oertel benannte Oertelsbruch bei Schmiedebach mit einer Jahresfördermenge von zusammen etwa 40 000 Tonnen als die größten Schieferbrüche Deutschlands. Zusätzliches Frachtaufkommen bescherte die Schotterabfuhr vom 1906 beim Streckenkilometer 2,8 angeschlossenen Hartsteinwerk Ludwigsstadt oberhalb des Steinbruchs Ottendorf.

Makabren Zwecken diente die Bahn während des Zweiten Weltkriegs: Auf ihr nach Lehesten transportierte KZ-Häftlinge mussten die beim Schieferabbau entstandenen Stollen des Oertelsbruchs für die Einrichtung von Anlagen zur Produktion flüssigen Sauerstoffs vorbereiten. Ab 1943 rollten mit Methylalkohol gefüllte Kesselwagen nach Lehesten und weiter auf der Anschlussbahn zum Oertelsbruch hinunter. Der dort hergestellte Flüssigsauerstoff gelangte in Spezialkesselwaggons zu den an der niederländischen Küste gelegenen Abschussrampen der damit angetriebenen V 2-Raketen.

Weil die vorhandenen Zahnradloks für die Transporte auf der Anschlussbahn nicht mehr genügten, halfen ab Januar 1944 dorthin beorderte Lokomotiven der österreichischen Erzbergbahn aus, abwechselnd in unterschiedlichen Zeiträumen die 97 214, 216 und 218 sowie kurzzeitig die 97 210. Die noch 1945 eingesetzten 97 216 und 218 kehrten nicht mehr nach Österreich zurück, sie wurden alsbald ausgemustert.

Im April 1945 kam der Verkehr zwischen Ludwigsstadt und Lehesten zum Erliegen. Erst zwei Jahre später, wohl anlässlich der Wiederaufnahme des Schieferabbaus in größerem Umfang, besprachen am 17. April 1947 in Falkenstein Vertreter der Reichsbahndirektionen Erfurt und Nürnberg sowie Offiziere der US Army die Modalitäten eines durch die Amerikanische Zone führenden „Korridorverkehrs" zwischen Probstzella und dem in der Sowjetischen Zone gelegenen Lehesten. (Die Demarkationslinie querte die Strecke wie ehedem die Landesgrenze beim Kilometer 5,3.) Man vereinbarte zwei mit Loks der RBD Erfurt zu befördernde Güterzüge pro Richtung, die auch Berufstätige mitnehmen durften. Der erste Zug nach Lehesten fuhr am 17. Juni 1947. Angeblich aufgrund illegaler Transporte von Flüchtlingsgut in die Bundesrepublik stellte die Reichsbahn den Zugbetrieb am 12. Juli 1951 überraschend ein. Im Frühjahr 1952 ließ sie die Strecke auf ihrem Teilstück abbauen.

Die Bundesbahn bediente weiterhin die Werksanschlüsse bis zur Verladestation des Hartsteinwerks Ludwigsstadt (Ottendorf) beim Kilometer 2,8. Nachdem offenbar wegen des schlechten Streckenzustands mehrfach Schotterwagen entgleist waren, verlegte das Hartsteinwerk Anfang der 1960er Jahre die Schotterverladung in den Bahnhof Ludwigsstadt. In DB-Kursbüchern erschien die Strecke 414 w Ludwigsstadt – Lehesten noch bis Winter 1958/59 mit dem Hinweis „Kein Reisezugverkehr". Erst am 1. März 1971 wurde offiziell der Gesamtverkehr eingestellt. Im Frühjahr 1971 erfolgte der Abbau der Strecke vom Anschluss der Wela-Nahrungsmittelfabrik („Wela-Suppen") im Ludwigsstädter Ortsgebiet bis zur Grenze. Die Bedienung auch des Anschlusses der Firma Büchner (Holzspielwaren) führte die DB noch viele Jahre fort, die des Wela-Anschlusses endete erst im Jahr 2001. Das „Marktorientierte Angebot Cargo (MORA C)" bedeutete im Dezember 2001 außerdem das Ende der Schotterverladung im Bahnhof Ludwigsstadt. 2006 wurde die Verladeanlage mit dem markanten Schottersilo abgerissen.

Knapp zum Triebfahrzeugeinsatz: Für den bei aller Bedeutung des Transports von Schieferprodukten recht bescheidenen Güterverkehr und die wenigen Personenzüge auf der Lehestener Strecke genügten jahrzehntelang bayerische Lokalbahnlokomotiven, ab 1932 solche der Gattung GtL 4/4 (Baureihe 98^8). Für die schweren Gütertransporte während des Zweiten Weltkriegs stellten die Bahnbe-

Eine 98^{11} befördert im Sommer 1964 fünf gedeckte Güterwagen zum Werk-Stammgleis der Ludwigsstädter Industriebetriebe. ***Foto: Slg. Knappe***

Vermutlich 98 816 fährt um 1930 in Ludwigsstadt über den Trogenbachviadukt. ***Foto: Slg. Treuner***

triebswerke Probstzella und Pressig-Rothenkirchen Maschinen der Baureihe 94^5 (T 16^1). Außerdem waren 86er eingesetzt.

Die von 1947 bis 1951 verkehrenden „Korridorzüge" wurden sicher mit 55^0 (G 7^1) und 94^5 (T 16^1) der RBD Erfurt bespannt, möglicherweise auch mit 93^5 (T 14^1). Vielen Publikationen zufolge beförderten auch 86er diese Züge. Doch das passt nicht zu ebenfalls oft veröffentlichten Stationierungslisten, wonach das Bw Probstzella bereits im Juni 1947 seine zwei 86er abgab, mithin diese Baureihe für 23 Jahre aus dem Direktionsbezirk Erfurt verschwand!

Der Restgüterverkehr zur Bedienung der Werksanschlüsse oblag 98^8 und 98^{11} (GtL 4/4 Umbau) des Bw Pressig-Rothenkirchen, zuletzt bis 1964 nur 98^{11}. Die Nachfolge traten V 60 an, zeitweilig bedienten Kleinloks der Baureihe 333 die Anschlüsse.

Die Tettaubahn

Am 23. Juni 1903 wurde die 16,9 Kilometer lange Strecke Pressig-Rothenkirchen – Tettau eröffnet. Die Lokalbahn entwickelte sich zur Lebensader der im „Tettauer Winkel" ansässige Glas- und Porzellanindustrie. Die Rohstoffe (Säure, Quarzsand) erhielten die Fabriken fast nur auf dem Schienenweg, aber auch der Abtransport von Fertigwaren erfolgte per Bahn.

Gegen Ende des Zweiten Weltkriegs musste der Zugverkehr nach Entfernen eines Gleisstücks und Sprengung der Tettaubrücke in Schauberg durch die deutsche Wehrmacht eingestellt werden. Die Instandsetzung hätte nicht lange gedauert. Aber die im Juli 1945 gezogene Zonengrenze schnitt die Strecke zwischen Pressig-Rothenkirchen und der Haltestelle Sattelgrund (beim km 14,0) vierzehnmal. Der längste Abschnitt in der Sowjetischen Zone, von Heinersdorf bis kurz vor Schauberg reichend, maß sechs Kilometer. Der drei Kilometer lange Abschnitt von Sattelgrund über Alexanderhütte bis Tettau lag in der Amerikanischen Zone.

Die auf die Bahn angewiesenen Glashütten konnten, solange der Zugbetrieb ruhte, die Produktion nicht wieder hochfahren. Nach überraschend erteilter Erlaubnis durch

98 1109 bedient um 1959 das Hartsteinwerk Ludwigsstadt (km 2,8). ***Foto: Slg. Knappe***

Oertel-Anschlussbahn: Beginn der Zahnstangenstrecke hinauf nach Lehesten. *Foto: Archiv Scheidig (aus: „Fränkisch-Thüringischer Schieferbau", Band 2)*

94^5 und 98^8 mit Korridorzug nach Lehesten (um 1950). *Foto: Slg. Färber*

DB-Korridorzug kurz vor Tettau (1952). *Foto: A. Flügel/Slg. Treuner*

Ludwigsstadt: 365 209 bedient am 28. Juni 2000 die Wela-Werke. *Foto: Th. Färber*

die sowjetische Besatzungsmacht kam der Güterverkehr ab 16. Oktober 1946 wieder in Gang. Wie schon seit Jahrzehnten setzte das Bw Pressig-Rothenkirchen auf der Tettaubahn erneut Lokomotiven der Baureihe 98[8] ein. Ab 14. April 1947 wurden auch Personenzüge zugelassen, die jedoch in der Sowjetzone nicht halten durften. Selbst während der Berlin-Blockade 1948/49 kaum eingeschränkt, endete der „Korridorverkehr" dann plötzlich am 28. Mai 1952.

Die Bundesbahn reagierte prompt mit der Einrichtung zweier Bahnbuslinien. Ab 1. Juli 1952 brachten Culemeyer-Straßenroller der DB vom Bahnhof Steinbach am Wald aus mit Rohstoffen für die Glasindustrie beladene Güterwaggons nach Alexanderhütte und von dort auch teils mit Fertigprodukten beladene Waggons wieder zurück. Der weiterhin benutzte Streckenabschnitt Alexanderhütte – Tettau war nun quasi zur Inselbahn geworden. Eine in Tettau stationierte Kö(f) II verteilte die Wagen auf die Anschlussgleise.

Der schlechte Streckenzustand veranlasste die DB, den Betrieb bis Tettau am 27. Dezember 1983 einzustellen. Fortan beschränkte sich der Einsatz der Köf auf die Rangieraufgaben in Alexanderhütte. Zum 1. April 1987 übertrug die Bundesbahn den Straßenroller-Betrieb der Spedition Söllner. Diese führte ihn noch über den Einstellungstermin 31. Mai 1996 hinaus bis Ende Juni 1996 durch. Weil die DB AG schon vorher die Kleinlok (schließlich eine der Baureihe 333) aus dem „Tettauer Winkel" abgezogen hatte, wurden die den Fabriken zugestellten Güterwagen zuletzt direkt vom Straßenroller aus entladen. Die Nebenbahn Pressig-Rothenkirchen – Tettau war übrigens erst seit Ende 1993 offiziell stillgelegt, zuvor ruhte der Betrieb nur „vorübergehend" ... ❑

323 757 (Köf II) rangiert am 19. Mai 1992 in Alexanderhütte.

Straßenroller in Steinbach a. Wald (Mai 1992). ***Fotos: Th. Splittgerber (2)***

Bei Ebensfeld führt die NBS über die Mainbrücke und die Flutmuldenbrücke Wiesen und verschwindet im Tunnel Eierberge (14. Januar 2018).

MIT TEMPO 300

UNTER DEM THÜRINGER WALD

Auf der 107 km langen Neubaustrecke von Erfurt nach Ebensfeld wurde im Dezember 2017 der fahrplanmäßige Betrieb aufgenommen. ICE-Züge benötigen für die Fahrt von Berlin nach München mit vier Zwischenhalten jetzt nur noch vier Stunden

Vom offiziellen Baustart an gerechnet, hat es bis zur Inbetriebnahme der den Thüringer Wald querenden ICE-Rennpiste gut 21 Jahre gedauert. Am 16. April 1996 vollzog der damalige Bundesverkehrsminister Matthias Wissmann den „ersten Spatenstich" für eine Straßenbrücke über den künftigen Überholbahnhof Eischleben bei Arnstadt, gleichzeitig wurde damit der Beginn der Baumaßnahmen für die Autobahn A 71 gefeiert. Folglich konzentrierten sich die Arbeiten für den Schienenweg auf den 23 Kilometer langen Bündelungsabschnitt mit der A 71 zwischen Erfurt-Bischleben und Trassdorf. Welches Projekt klar Vorrang genoss, konnte man am rasch vorangetriebenen Autobahnbau erkennen. Das Teilstück der A 71 bis Trassdorf wurde schon im Dezember 1998 eröffnet. Beim parallelen Eisenbahnbau reichte der „Elan" nur für ein unfertiges Planum und den Durchschlag des 463 Meter langen Behringen-Tunnels.

Freilich stieß der Bau der A 71 auf breite Zustimmung, viele Menschen in der Region begrüßten ihn geradezu euphorisch. Hingegen waren – abgesehen vom zunächst vorgesehenen Personenbahnhof bei Ilmenau – von der ICE-Trasse keine regionalen Erschließungseffekte im Thüringer Wald zu erwarten. Außerdem befanden Kritiker, dass ihr verkehrlicher Nutzen generell in keinem Verhältnis zum Aufwand stünde (1992 geschätzte Investitionskosten für die NBS/ABS Erfurt – Nürnberg rund 7,2 Milliarden DM). Zudem würde die Landschaft verschandelt. Mit der Untersuchung möglicher Alternativen beauftragte Planungsbüros schlugen den effizienteren Ausbau mehrerer Strecken vor, vor allem der Saalebahn und Frankenwaldbahn mit einem Tunneldurchstich des Falkensteins und einem Scheiteltunnel unter dem Rennsteig (bei Steinbach am Wald) sowie der Verbindung Leipzig – Hof – Nürnberg/Regensburg. Die alternativen Varianten kämen den Studien zufolge vielen Regionen zugute und die Reisezeiten in bis zu 200 km/h schnellen Neigezügen würden in der Relation Leipzig – Nürnberg nicht wesentlich länger sein als im ICE auf der Neubaustrecke durch den Thüringer Wald. (Laut ursprünglicher Planung sollte diese für 250 km/h ausgelegt werden.)

Im Juli 1999 stoppte die rot-grüne Bundesregierung die Bauarbeiten für den größten Teil der schon im Projektstadium in Süd-Nord-Richtung kilometrierten NBS Ebensfeld – Erfurt, nicht davon betroffen war der nördliche Abschnitt parallel zur A 71. Die erneute Prüfung von Alternativrouten ergab aus Sicht der Entscheidungsträger keine wirtschaftlichen und ökologischen Vorteile, ja vielmehr Nachteile. So kamen die Bauarbeiten im Jahr 2002 wieder in Gang, richtig in Schwung jedoch erst ab 2006. Andernfalls wäre der nördliche Abschnitt mit bereits fertiggestellten Tunnelröhren ein Torso geblieben – kaum vorstellbar.

Zusammen mit der NBS Erfurt – Halle/Leipzig bildet die NBS Ebensfeld – Erfurt das für Hochgeschwindigkeit ausgelegte Kernstück des „Verkehrsprojekts Deutsche Einheit Nummer 8". Ingesamt umfasst das VDE 8 den Neu- und Ausbau von rund 520 Kilometer langen Schienenwegen zwischen Nürnberg und Berlin. Somit ist es das größte aller Schienenprojekte des 1991 beschlossenen VDE-Programms.

Zuerst fertiggestellt wurde im Jahr 2006 die Ausbaustrecke Halle/Leipzig – Berlin (VDE 8.3, Länge ca. 200 km). Zum Fahrplanwechsel am 13. Dezember 2015 ging die Neubaustrecke Erfurt – Halle/Leipzig vollständig in Betrieb (VDE 8.2, Länge 130 km). Zum Abschnitt VDE 8.1 gehört außer der am 10. Dezember 2017 offiziell eröffneten, 107 Kilometer langen NBS Ebensfeld – Erfurt auch die 83 Kilometer lange ABS Nürnberg – Ebensfeld. Bis diese wie geplant komplett viergleisig ausgebaut ist, werden noch viele Jahre vergehen, zumal die Baumaßnahmen in Bamberg noch gar nicht begonnen haben. Eine oberirdische Ausbauvariante würde die Weltkulturerbestadt wohl unvermeidlich mit Lärmschutzwänden verschandeln. Alternativ stehen ein Verlauf ganz oder teilweise im Tunnel sowie die Ostumfahrung Bambergs zur Debatte.

Mehr als ein Drittel im Tunnel

Exakt ist die Neubaustrecke Ebensfeld – Erfurt 106,861 km lang. Auf 34 Kilometer verläuft sie in Bayern, auf 73 Kilometer in Thüringen. Auf 74,4 km Länge ist sie für 300 km/h zugelassen, ansonsten für 160 bis 280 km/h. Die ursprünglich geplante Trassierung mit einer Maximalneigung von 12,5 Promille wird auf acht Teilstücken überschritten, davon haben vier immerhin bis zu 1000 Meter lange Abschnitte eine Neigung von 20 Promille. Etwa zur Hälfte verläuft die Strecke entweder in Tunnels (22 mit zusammen 41 km Länge) oder auf Brücken (alleine 29 Talbrücken mit gut zwölf Kilometer Gesamtlänge). Der Bleßbergtunnel ist mit 8326 Metern Länge der drittlängste Eisenbahntunnel Deutschlands. Zwischen Truckenthal und Ilmenau quert die Trasse auf 27,4 km Länge den Thüringer Wald – wobei sie ihn meist unterquert, denn hier-

285 102 (PRESS) mit ICE-S auf Testfahrt bei Ebensfeld (30. Juni 2017). ***Fotos: B. Schmitt (2)***

193 800 wechselt mit RE Sonneberg – Nürnberg am Abzweig Weißenbrunn auf die NBS.

von liegen 22,7 km (also 83 Prozent!) in zusammen neun Tunnels. Der 603 Meter über Normalnull gelegene Scheitelpunkt der Strecke befindet sich bei Goldisthal. 46 Streckenkilometer verlaufen in mehr als 400 Meter Höhe.

Der Oberbau ist als „feste Fahrbahn" ausgeführt, Überholgleise sind auf konventionellem Schotterbett verlegt. In den durchweg einröhrigen Tunnels dürfen sich Hochgeschwindigkeitszüge und Güterzüge nicht begegnen. Wie schon die NBS Erfurt – Halle/Leipzig ist die NBS Ebensfeld – Erfurt mit dem ohne ortsfeste Signale auskommenden Zugbeeinflussungssystem ETCS Level 2 ausgerüstet (ETCS = European Train Control System).

Die Neubaustrecke beginnt nördlich von Ebensfeld beim Kilometer 21,6 der Strecke Bamberg – Lichtenfels – Hof respektive beim Kilometer 83,1 der Ausbaustrecke von Nürnberg her. Neue und alte Infrastruktur sind jedoch letztmalig im Überholbahnhof Unterleiterbach (beim km 80,6 der ABS) miteinander verknüpft. Die Kilometrierung der ABS setzt sich auf der Neubaustrecke fort. Von dieser zweigt am Abzweig Weißenbrunn am Forst die Verbindungskurve „Niederfüllbach" zur Altstrecke Lichtenfels – Coburg – Sonneberg ab. Im Verlauf der Schnellfahrstrecke folgen der Überholbahnhof Rödental und der Abzweig Esbacher See, wo die von Zügen via Coburg genutzte Verbindungskurve „Dörfles-Esbach" einfädelt. Unmittelbar hinter dem Überholbahnhof Theuern überquert die Strecke das Truckenthal. An die Brücke schließt der 8326 Meter lange Bleßbergtunnel an, der unter dem Rennsteig hindurch führt. Hinter dem Goldbergtunnel erreicht die Strecke zwischen der Grubentalbrücke (km 134,4) und der Dunkeltalbrücke (km 134,8) ihren in 603 Metern Höhe gelegenen Scheitelpunkt bei Goldisthal, unmittelbar dahinter taucht sie in den Rehbergtunnel ein. Im weiteren Verlauf folgen die Überholstelle Massetal, der 7407 Meter lange Silberbergtunnel (zweitlängster Tunnel), die 1681 Meter lange Ilmtalbrücke (längstes Brückenbauwerk) und der Überholbahnhof Ilmenau-Wolfsberg. Im Sandbergtunnel unterquert die Strecke die Autobahn A 71, ehe sie parallel zu dieser verläuft. Beim Kilometer 170,0 überquert die ICE-Trasse die Bahnlinie Arnstadt – Saalfeld, fünf Kilometer weiter befindet sich der Überholbahnhof Eischleben. Kurz vor dem Augustaburgtun-

Karte: *DB AG*

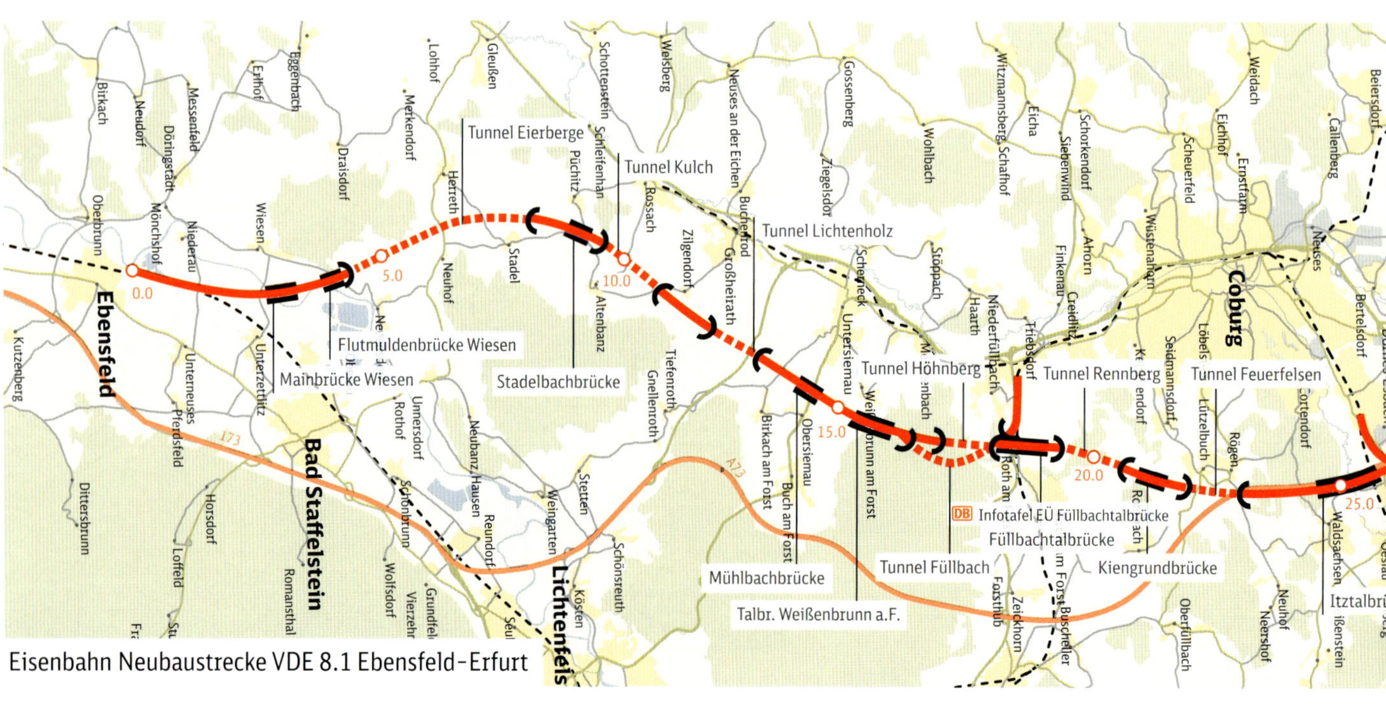

Ein ICE 1 überquert am 25. Januar 2018 die 798 m lange Talbrücke Froschgrundsee nördlich von Rödental. *Fotos: B. Schmitt (2)*

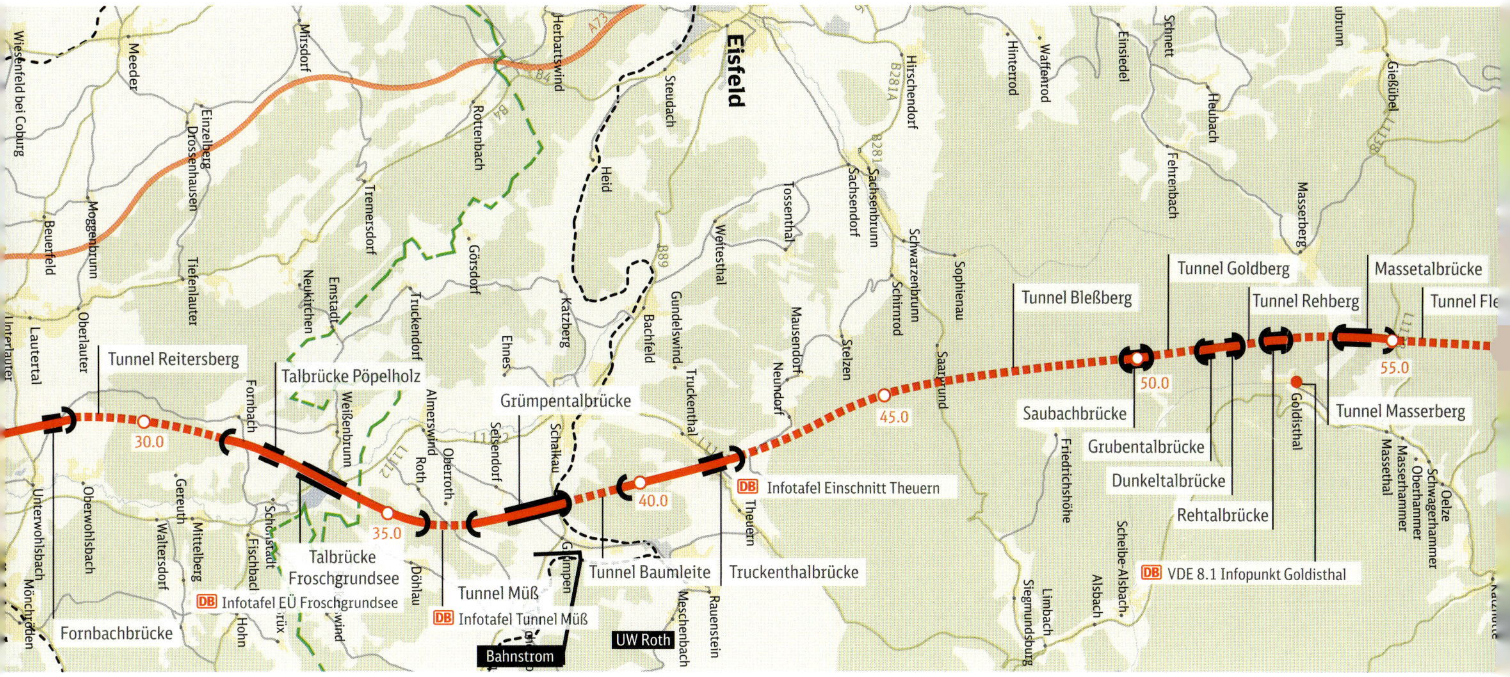

nel führt die Neubaustrecke beim Kilometer 182,6 auf der Apfelstädttalbrücke über die „Thüringer Bahn" Halle – Bebra, nach dem Auftauchen aus dem Augustaburgtunnel schwenkt sie bei Erfurt-Bischleben an die „Thüringer Bahn" heran und erreicht in (nördlicher) Parallellage zu dieser den Erfurter Hauptbahnhof.

Ende August 2016 wurden die Fahrleitungsanlagen der NBS Ebensfeld – Erfurt unter Spannung gesetzt. Im Oktober 2016 absolvierte der speziell ausgerüstete ICE-S „Hochtastfahrten" mit schließlich bis zu 330 km/h. Ab Ende März 2017 folgten Abnahme- und Testfahrten mit für ETCS ertüchtigten ICE 1, ICE 3 und ICE-T. Im Juli befuhr auch ein ICE 4 die Strecke. Am 22. August begann der intensive ETCS-Probebetrieb.

Berlin – München in vier Stunden

Zur feierlichen Eröffnung der von der Deutschen Bahn zwar nicht korrekt, aber werbewirksam so bezeichneten „neuen Schnellfahrstrecke Berlin – München" verkehrten am 8. Dezember 2017 zwei Sonderzüge (ICE 3) ab München. Bei der Rückfahrt von Berlin erreichte ein Sonderzug das Ziel München mit zwei Stunden Verspätung – schlechtes Omen. Tatsächlich begann mit Aufnahme des planmäßigen Betriebs zwei Tage später eine für die DB blamable Pannenserie. Am 10. Dezember fielen sieben Züge aus, und

Keine Güterzüge

Die NBS Ebensfeld – Erfurt hat gut drei Milliarden Euro gekostet. Mit nord- und südwärts insgesamt 35 ICE-Zügen pro Tag ist sie nur schwach ausgelastet. Güterzüge nutzen die Strecke noch nicht, obwohl sie auch für den Güterverkehr konzipiert wurde. Laut Bundesverkehrswegeplan 1992 waren je Tag und Richtung vor allem nachts 80 Güterzüge vorgesehen. Ein spezielles von den Elektronischen Stellwerken (ESTW) zu steuerndes System und Überholbahnhöfe sollen trotz des Begegnungsverbots mit den ICE in Tunnels selbst tagsüber „Slots" (Zeitfenster) für Güterzüge ermöglichen. Allerdings ist ein Mischbetrieb von Hochgeschwindigkeits- und Güterverkehr auch wegen der Steigungen bis zu 20 Promille sehr problematisch. Davon ganz abgesehen, mangelt es noch an ETCS-tauglichen Lokomotiven. Übrigens: Züge mit Reisenden und Güterwagen (z.B. Autoreisezüge, „Rollende Landstraße", Militärzüge mit Fracht- und Personentransport) dürfen die Strecke Erfurt – Ebensfeld – Unterleiterbach generell nicht befahren.

120 125 mit Schallmesszug auf der Rehtalbrücke (Sommer 2017). ***Foto: DB AG (F. Barteld)***

von den „ICE-Sprintern“ schaffte keiner die via Halle (Saale) 623 Kilometer lange Strecke Berlin – München in der viel umworbenen Reisezeit von knapp vier Stunden. Auch an den Folgetagen gab es Zugausfälle und teils enorme Verspätungen, verursacht vor allem von ETCS-Störungen. Probleme bereitete insbesondere die offenbar fehlerhaft programmierte Bord-ETCS des ICE 1. Gegen Ende des Jahres normalisierte sich der Betriebsablauf. Im Januar 2018 vermeldete die DB gar einen Passagierrekord: Die Fahrgastzahlen auf der ICE-Strecke Berlin – München seien im Dezember gegenüber dem gleichen Vorjahreszeitraum um das 2,4-fache gestiegen, für das gesamte Jahre 2018 rechnete das Unternehmen mit einer Verdoppelung von 1,8 auf 3,6 Millionen Reisende.

Im Fahrplanjahr 2018 verkehren die Züge dreier ICE-Linien über die NBS/ABS Erfurt – Nürnberg:

- ICE 18 Hamburg – Berlin – Halle – München *zweistündlich mit ICE 1*
- ICE 28 Hamburg – Berlin – Leipzig – München *zweistündlich mit ICE-T*
- ICE 29 Berlin – Halle – München *drei Sprinter-Zugpaare mit ICE 3*

ICE 1 beim Tunnel Fierberge in der Nähe von Rossach (22.12.2017). ***Foto: B. Schmitt***

Zwei der ICE-Sprinter brauchen von Berlin Hbf (mit Halten nur in Berlin Südkreuz, Halle, Erfurt und Nürnberg) bis München Hbf 3 Stunden 58 Minuten, einer 4 Stunden 2 Minuten. Nordwärts schaffen es alle drei ICE-Sprinter planmäßig in 3 Stunden 55 Minuten. Die anderen ICE sind zwischen etwa viereinhalb und fünfeinviertel Stunden unterwegs, dies je nach Route über Leipzig oder Halle bzw. Ingolstadt oder Augsburg. Ab Dezember 2018 ist auf den Linien 18 und 28 der Einsatz von ICE 4 vorgesehen.

Drei ICE-Paare fahren über Coburg. Südlich von Coburg nutzen auch zweistündlich verkehrende RegionalExpress-Züge der Relation Sonneberg – Coburg – Nürnberg die Neubaustrecke. Die Garnituren sind aus Doppelstockwagen sowie je einer ETCS-ertüchtigten Lokomotiven der Baureihe 193 (Siemens-Typ Vectron) an den Zugenden gebildet. Nötig ist der „Sandwich-Betrieb“ mangels ETCS-tauglicher Steuerwagen. Von Coburg nach Bamberg fahren die RE-Züge nonstop, bis Nürnberg brauchen sie rund 70 Minuten, eine halbe Stunde weniger als bisher. ❑

Karte: ***DB AG***

Unsere Fachhändler im In- und Ausland, geordnet nach Postleitzahlen

Modellbahn-Center • EUROTRAIN Idee+Spiel-Fachgeschäft • Spielzeugring-Fachgeschäft
FH = Fachhändler • RW = Reparaturdienst und Werkstätten • H = Hersteller • A = Antiquariat • B = Buchhändler • SA = Schauanlagen

01187 Dresden
SCHILDHAUER-MODELLBAHN
Würzburger Str. 81
Tel.: 0351 / 27979215 • Fax: 0351 / 27979213
www.modellbahn-schildhauer.de
modellbahn-schildhauer@online.de
FH

01445 Radebeul
MODELLEISENBAHNEN
Grundkötter GmbH
Hauptstr. 22
Tel.: 0351 / 8308180 • Fax: 0351 / 8365950
www.modellbahn-radebeul.de • gruni64@aol.com
FH/RW

04159 Leipzig
bahnundbuch.de
Versandhandel für Fachliteratur, Videos, DVDs, CDs
Raustr. 12
Tel.: 0341 / 2682492 • www.bahnundbuch.de
B

10318 Berlin
MODELLBAHNBOX KARLSHORST
Treskow-Allee 104
Tel.: 030 / 5083041
www.modellbahnbox.de
FH/RW/A EUROTRAIN

10589 Berlin
MODELLB. am Mierendorffplatz GmbH
Mierendorffplatz 16
Direkt an der U7 / Märklin-Shop-Berlin
Tel.: 030 / 3449367 • Fax: 030 / 3456509
www.Modellbahnen-Berlin.de
FH EUROTRAIN

10789 Berlin
MODELLBAHNEN TURBERG
Lietzenburger Str. 51
Tel.: 030 / 2199900
Fax: 030 / 21999099
www.turberg.de
FH/RW/A/B EUROTRAIN

12105 Berlin
MODELLBAHN PIETSCH GMBH
Prühßstr. 34
Tel./Fax: 030 / 7067777
www.modellbahn-pietsch.com
EUROTRAIN

14057 Berlin
BREYER MODELLEISENBAHNEN
Kaiserdamm 99
Tel./Fax: 030 / 3016784
www.breyer-modellbahnen.de
FH/RW/A

22083 Hamburg
MEISES ModellbahnCenter
MMC GmbH & Co. KG
Beethovenstr. 64
Tel.: 040/60563593 • Fax: 040/18042390
www.meises-mobacenter.de
FH/RW EUROTRAIN

25355 Barmstedt
MODELLBAHNEN HARTMANN
Reichenstr. 24
Tel.: 04123 / 6706
Fax: 04123 / 959473
Modellbahnen-Hartmann@t-online.de
FH/RW/B EUROTRAIN

28865 Lilienthal b. Bremen
HAAR
MODELLBAHN-SPEZIALIST
Hauptstr. 96
Tel.: 04298 / 916521 • Fax: 04298 / 916527
haar.lilienthal@vedes.de
FH/RW

30159 Hannover
TRAIN & PLAY
Modelleisenbahnen • Modellautos
Breite Str. 7 • Georgswall 12
Tel.: 0511 / 2712701
Fax: 0511 / 9794430
FH/RW/A

31860 Emmerthal
MODELLBAHNBAU HILKER
Schloßstr. 26
Tel.: 05155 / 8575
www.hilker-modellbau.de
FH

33102 Paderborn
EMS EXCLUSIV MODELL-SESTER
Friedrichstr. 7 • Am Westerntor
Tel.: 05251 / 184752 • Fax: 05251 / 184753
www.modellbahn-sester.de
info@modellbau-sester.de
FH/RW/A/B

34379 Calden
RAABE'S SPIELZEUGKISTE
Ankauf – Verkauf von Modelleisenbahnen, Autos
Wilhelmsthaler Str. 11
Tel.: 05674/8234317 • wraabe@gmx.net
FH/RW/A/SA

40217 Düsseldorf
MENZELS LOKSCHUPPEN
TÖFF-TÖFF GMBH
Friedrichstr. 6 • LVA-Passage
Tel.: 0211 / 373328
www.menzels-lokschuppen.de
FH/RW EUROTRAIN

42289 Wuppertal
MODELLBAHN APITZ GMBH
Heckinghauser Str. 218
Tel.: 0202 / 626457 • Fax: 0202 / 629263
www.modellbahn-apitz.de
FH

44141 Dortmund
DER LOKSCHUPPEN
DORTMUND GMBH
Märkische Str. 227
Tel.: 0231 / 412920 • Fax: 0231 / 421916
www.Lokschuppen.com
FH EUROTRAIN

44339 Dortmund
MODELL TOM
• NEU • GEBRAUCHT • SERVICE •
Evinger Str. 484
Tel.: 0231 / 8820579 • Fax: 0231 / 8822536
www.modelltom.com
FH/RW

45479 Mülheim
MODELLBAHNLÄDCHEN EULER
K. EULER
Grabenstr. 2
Tel.: 0208 / 423573 • Fax: 0208 / 30599996
modellbahneuler@aol.com
FH

49078 Osnabrück
J.B. MODELLBAHN-SERVICE
Lotter Str. 37
Tel.: 0541 / 433135
Fax: 0541 / 47464
www.jbmodellbahnservice.de
FH/RW EUROTRAIN

52062 Aachen
M. HÜNERBEIN OHG
Markt 11–15
Tel.: 0241 / 33921
Fax: 0241 / 28013
EUROTRAIN

53111 Bonn
MODELLBAHNSTATION
BONN
Römerstr. 23
Tel.: 0228 / 637420
FH EUROTRAIN

58135 Hagen-Haspe
LOKSCHUPPEN HAGEN HASPE
Vogelsanger Str. 36-40
Tel.: 02331 / 404453 Fax: 02331 / 404451
www.lokschuppenhagenhaspe.de
office@lokschuppenhagenhaspe.de
FH/RW

63110 Rodgau
MODELL + TECHNIK
Ute Goetzke
Untere Marktstr. 15
Tel.: 06106 / 74291 • Fax: 06106 / 779137
info@mut-goetzke.de
FH

63654 Büdingen
MODELL & TECHNIK
RAINER MÄSER
Berliner Str. 4
Tel.: 06042 / 3930
Fax: 06042 / 1628
FH EUROTRAIN

67071 Ludwigshafen-Oggersh.
SPIELWAREN WERST
Schillerstraße 3
Tel.: 0621 / 682474
Fax: 0621 / 684615
www.werst.de • werst@werst.de
FH/RW

67146 Deidesheim
moba-tech
der modelleisenbahnladen
Bahnhofstr. 3
Tel.: 06326 / 7013171 • Fax: 06326 / 7013169
www.moba-tech.de • info@moba-tech.de
FH/RW

67655 Kaiserslautern
DiBa-MODELLBAHNEN
Königstr. 20-22
Tel./Fax: 0631 / 61880
geschaeft@diba-modellbahnen.de
FH/RW EUROTRAIN

69214 Eppelheim/Heidelberg
MODELLBAHN SCHUHMANN
Schützen-/Ecke Richard-Wagner-Str.
Tel.: 06221 / 76 38 86
Fax: 06221 / 768700
www.Modellbahn-Schuhmann.de
FH/RW EUROTRAIN

70180 Stuttgart
SUCH & FIND
An- + Verkauf von Modellbahnen
Mozartstr. 38
Tel. + Fax: 0711 / 6071011
www.suchundfind-stuttgart.de
A

71334 Waiblingen
EISENBAHNTREFFPUNKT
Schweickhardt GmbH & Co. KG
Biegelwiesenstr. 31
Tel.: 07151/937931 • Fax: 07151/34076
ets@modelleisenbahn.com
FH/RW/A/B EUROTRAIN

71638 Ludwigsburg
ZINTHÄFNER
Spiel – Freizeit
Solitudestr. 40
Tel.: 07141 / 925611
FH

71720 Oberstenfeld
SYSTEM COM 99
Modellbahn-Zentrum-Bottwartal
Schulstr. 46
Tel.: 07062 / 9788811
www.Modellbahn-Zentrum-Bottwartal.de
FH/RW EUROTRAIN

73431 Aalen
MODELLBAU SCHAUFFELE
Wilhelm-Merz-Str. 18
Tel.: 07361/32566
Fax: 07361/36889
www.schauffele-modellbau.de
FH/RW/Märklin Shop in Shop

75339 Höfen
DIETZ MODELLBAHNTECHNIK
+ ELEKTRONIK
Hindenburgstr. 31
Tel.: 07081 / 6757
www.d-i-e-t-z.de • info@d-i-e-t-z.de
FH/RW/H

QUELLENVERZEICHNIS

Beyer, Wolfgang: Eisenbahn im Sonneberger Land. Verlag Michael Resch, Coburg 1997

Bleiweis, Wolfgang; Martin, Ekkehard und Winkler, Stefan: Fränkische Nebenbahnen einst und jetzt – Oberfranken. Bufe-Fachverlag, Egglham/München 1988

Brozeit, Wolfram; Müller, Hans und Bölke, Günter: Baureihe 95. Transpress-Verlag, Berlin 1990

DB Netz AG Regionalbereich Südost und Schüßler Plan Ingenieurgesellschaft: Streckenprospekt Neubaustrecke VDE 8.1 Breitengüßbach – Erfurt. Stand 1. Juni 2017

Jansen, Karl-Heinz; Lauber, Wolfgang; Melcher, Peter und Wenzel, Hansjürgen: Die Baureihe 95. EK-Verlag, Freiburg 1980

Knappe, Manfred: Die Frankenwaldbahn; in: Eisenbahn-Kurier Nr. 3/1978

Knappe, Manfred (verantwortlicher Redakteur): 100 Jahre Frankenwaldbahn. Eisenbahn-Journal Sonderausgabe III/1985

Knappe, Manfred: Die Frankenwaldbahn. Eisenbahn-Journal Special 4/1995

Kuhlmann, Bernd: Deutsch-deutsche Grenzbahnhöfe – Ost-West-Eisenbahnverkehr 1945 – 1990 (3. Auflage). GeraMond Verlag, München 2012

Lüdecke, Steffen: Die Baureihe 96 – Malletriese für den Schiebedienst. EK-Verlag, Freiburg 1991

Lüdecke, Steffen: Die Baureihe 98 – Die bayerischen Lokalbahnlokomotiven, Band 2. EK-Verlag, Freiburg 2005

Planungsgesellschaft Bahnbau Deutsche Einheit mbH: diverse Broschüren zum Verkehrsprojekt Deutsche Einheit Nr. 8

Rockelmann, Ulrich und Naumann, Thomas: Die Frankenwaldbahn – Die Geschichte der Steilrampe über den Frankenwald. EK-Verlag, Freiburg 1997

Rossberg, Ralf-Roman: Grenze über deutschen Schienen 1945 – 1990. EK-Verlag, Freiburg 1991

Scheidig, Siegfried; Barteld, Frank und Schein, Frank: Thüringisch-Fränkischer Schieferbergbau 2 – Oertelsbruch und Staatsschieferbrüche. Barteld-Verlag, Berga/Elster 2017

Schmitt, Bernd und Hoch, Gerald: Nebenbahnen in Oberfranken. Verlag Michael Resch, Coburg 1999

Walluhn, Ulrich: Baureihe 95. Transpress-Verlag, Stuttgart 2002

von Welser, Ludwig: Bayern-Report, Bände 4, 5 und 6 (mit Beschreibung von für die Frankenwaldbahn relevanten Lokomotivgattungen). Heftreihe Eisenbahn-Journal Archiv 1994/95/96

Fahrplanunterlagen:
Reichskursbuch 1914 sowie Kursbücher Deutsche Reichsbahn (DRG), Deutsche Bundesbahn und Deutsche Bahn AG

Internet:
http://www.frankenwaldbahn.de (private Internetseite über die Strecke Lichtenfels – Kronach – Saalfeld)
http:/www.db-netze.com/greta (Grenzlastanzeiger der DB Netz AG)
http:/www.stredax.db-netze.com (Streckendatenbank der DB Netz AG)

Jürgen Nelkenbrecher

V 200

DB-Baureihen V 200⁰, V 200¹ und V 300 | Technik und Einsätze
Specials: Dienst bei ausländischen Staatsbahnen und privaten EVUs

EJ-Extra 1/2018 erscheint im Mai 2018

Terence Dorrity

EISENBAHN IN DER EIFEL

Eifelstrecke Köln – Gerolstein – Trier | Vergessene Nebenbahnen
Schmalspurige Brohltalbahn | Bahnbetriebswerke in der Eifel

EJ-Sonderausgabe 2/2018 erscheint im Juli 2018

Eisenbahn JOURNAL

Gegründet von H. Merker
Erscheint in der Verlagsgruppe Bahn GmbH

Am Fohlenhof 9a, 82256 Fürstenfeldbruck
Tel. 0 81 41/5 34 81-0 • Fax 0 81 41/5 34 81-200
E-Mail: redaktion@eisenbahn-journal.de
Internet: www.eisenbahn-journal.de

Chefredakteur: Gerhard Zimmermann
Redaktion: Andreas Ritz, Dr. Christoph Kutter, Tobias Pütz

Special-Ausgabe 1/2018:
Frankenwaldbahn

Autor: Konrad Koschinski
Redaktion: Andreas Ritz
Gestaltung: Sabine Novotny
Bildbearbeitung: Fabian Ziegler

Verlagsgruppe Bahn GmbH VGB
Am Fohlenhof 9a, 82256 Fürstenfeldbruck
Tel. 0 81 41/5 34 81-0 • Fax 0 81 41/5 34 81-100

Geschäftsführung: Manfred Braun, Ernst Rebelein, Horst Wehner
Verlagsleitung: Thomas Hilge
Anzeigenleitung: Bettina Wilgermein (Durchwahl -153)
Anzeigensatz und Anzeigenlayout: Evelyn Freimann (Durchwahl -152)
Vertriebsleitung: Elisabeth Menhofer (Durchwahl -101)
Vertrieb und Auftragsannahme: Sandra Corvin (Durchwahl -107), Ingrid Haider (-108), Angelika Höfer (-104), Petra Schwarzendorfer (-105), E-Mail: bestellung@vgbahn.de
Sekretariat: Claudia Klausnitzer (-227)
Außendienst, Messen: Christoph Kirchner, Ulrich Paul
Marketing: Thomas Schaller (Durchwahl -141), Karlheinz Werner (-142)
Vertrieb Pressegrosso und Bahnhofsbuchhandel: MZV GmbH & Co. KG, Ohmstraße 1, 85716 Unterschleißheim, Postfach 12 32, 85702 Unterschleißheim, Tel. 089/3 19 06-0, Fax 089/3 19 06-113
Abo-Service: FUNKE direkt GmbH, Postfach 104139, 40032 Düsseldorf, Tel. 0211/69 07 89-985, Fax -70, abo@eisenbahn-journal.de
Druck: creo Druck & Medienservice GmbH, 96050 Bamberg

Special 1/2018
ISBN 978-3-89610-695-7